海域资源配置方法研究

曹英志 著

海洋出版社

2015年 · 北京

图书在版编目（CIP）数据

海域资源配置方法研究/曹英志著 . —北京：海洋出版社，2015.6

ISBN 978 - 7 - 5027 - 9193 - 3

Ⅰ.①海…　Ⅱ.①曹…　Ⅲ.①海洋资源 - 资源配置 - 研究　Ⅳ.①P74

中国版本图书馆 CIP 数据核字（2015）第 143010 号

责任编辑：杨传霞

责任印制：赵麟苏

海洋出版社　出版发行

http://www.oceanpress.com.cn

北京市海淀区大慧寺路 8 号　邮编：100081

北京画中画印刷有限公司印刷　新华书店北京发行所经销

2015 年 6 月第 1 版　2015 年 6 月第 1 次印刷

开本：787 mm × 1092 mm　1/16　印张：17.5

字数：280 千字　定价：78.00 元

发行部：62132549　邮购部：68038093　总编室：62114335

海洋版图书印、装错误可随时退换

序

　　被马克思誉为英国"杰出的小说家"的狄更斯说过这样一句话："这是最好的时代，也是最坏的时代。"这句名言用在海洋上再合适不过了！"21世纪是海洋世纪"已经成为全球政治家、战略家、军事家、经济学家和科学家的广泛共识。当前，海洋发展进入国家重要战略。有数据显示，我国沿海地区面积仅占全球陆域面积的1%，却承载着5亿多的人口；创造了近6%的全球经济总量；接受了近10%的国际投资；产生了7%的国际贸易总量。海洋经济在我国国民经济中的地位和作用不断提升，正逐步成为国民经济新的亮点。经核算，2013年全国海洋生产总值已达54 313亿元，比2012年增长7.6%，海洋生产总值占国内生产总值的比重达9.5%。

　　海域资源作为国家基础性自然资源和战略性经济资源，其稀缺性十分突出。随着海洋经济的发展和海域管理工作的深入，海域资源的开发利用也遇到了一些新情况、新问题，例如，行业用海矛盾突出、围填海用海过快过热、海域生态环境恶化等，上述问题归纳起来，就是怎样才能更好地发挥海域资源在社会、经济和生态环境等方面的综合效益，这恰恰也是海域资源配置要实现的目标。

　　海域资源配置一直以来就是海域使用管理的难点：一方面，海域资源需要进行人类的开发利用以确保其保值增值；另一方面又需要在海域资源与其开发利用者之间建立起一套科学合理的规则以保障海域资源的可持续发展。值得一提的是，2013 年 11 月，党的十八届三中全会依据十四大以来的 20 多年的实践，对政府和市场的关系进行了新的科学定位，将市场在资源配置中的"基础性"作用修改为"决定性"作用。随着市场在资源配置中地位的提升，海域资源配置也亟待顺应潮流、与时俱进，我国海域资源配置的一级市场要更加严格，二级市场要加快流转。

基于此，曹英志博士针对我国海域资源配置中存在的基本问题，从国家法律法规、区划、规划、政策和相关理论出发，结合水、土地等行业资源配置的经验，对我国海域资源配置进行了一些分析和思考，并有针对性地提出了措施和建议，有关成果具体体现在其所著的《海域资源配置方法研究》一书中。该专著具有以下两个特点：一是基础性，作者广泛阅读、扎实分析研究了国内外学术界关于资源配置方面的著作、论文等参考文献，对本学科及相关学科的研究状态和最新进展了解是全面的、深入的，对海域资源配置的法律依据和理论依据分析是全面的；二是学术性，作者以学术研究的角度，针对我国当前海域资源配置中存在的问题以及国家和社会发展的客观需求，对现行的资源配置方式进行了细化、调整和改进，是我国海域资源配置的有益补充，将对我国海域资源配置工作以及海域管理工作提供有效的技术和决策管理支撑，具有一定的理论和实践意义。

党的十八大做出了"建设海洋强国"的战略部署，为新时期我国海域管理工作提供了契机、指明了方向。2015 年是贯彻落实党的十八大、十八届三中和四中全会、中纪委五次全会以及习近平总书记系列重要讲话精神关键之年，也是"十二五"规划的收官之年、

"十三五"规划的启动之年。在此，对《海域资源配置方法研究》一书的出版予以祝贺，并希望曹英志博士能进一步扩大研究视野，增大研究海域管理问题的深度和广度，持续努力，不断出版更多更好的研究论著，为海域管理工作提供重要的智力支持。

是为序。

国家海洋局海域综合管理司司长

2015 年 3 月 2 日

摘　要

　　海域资源配置是海域资源与使用对象之间配置的过程。我国海域资源配置的直接目标是针对特定海域，运用配置方法，找到"适宜"的用海者。我国海域资源配置的最终目标在于既要实现海域资源的保值增值，还要最大程度地实现国家作为海域资源唯一主体的综合收益权，如国防安全、公益事业、环境保护等政治效益、社会效益、生态效益，以实现海域资源的合理开发和可持续利用。

　　海域资源作为国家基础性自然资源和战略性经济资源，稀缺性十分突出。当前我国海域使用管理工作中客观存在着行业用海矛盾突出、围填海用海过快过热、海域空间资源粗放利用、岸线资源利用水平低下、海域"招拍挂"中往往竞价高者取得海域使用权以及海域生态环境持续恶化等现象。这些现象实际上反映的是我国海域资源配置存在的一些问题。这些问题可以归纳为三个方面：一是我国海域配置法律制度不健全；二是海域使用金对海域资源配置的引导和调节作用有限；三是海域资源市场化配置进程缓慢。我国海域资源配置目前主要是行政配置和市场配置。在行政配置中，一些政府部门往往过于注重经济效益，忽视环境甚至以牺牲环境为代价去攫取"政绩"。在市场配置中，通常竞价高者取得海域使用权，海域资源配置的结果与经济效益直接挂钩，海域资源的社会、资源环境等综合价值实际上未得到充分体现。

　　当前，国家对资源开发提出了更高要求，对市场在资源配置中的地位和作用进行了重新定位，市场在资源配置中的地位由"基础性"作用上升为"决定性"作用，客观上要求海域资源配置既要从国家整体利益和广大人民群众的切身利益出发，又要严格管理海域资源配置一级市场，加快流转海域资源配置二级市场。但是我国海域资源配置现状与国家的要求和海域使用管理实践的需求有距离，已经无法满足人民群众对优美安全的海洋生态环境的需求、沿海区域发展对防灾减灾的需求以及广大基层用海者对维护自身权益的需求。

因此，迫切需要开展海域资源配置方法的研究，对我国现行海域资源配置做进一步的细化、调整和改进，使得海域资源配置结果更加合理，遴选出的海域使用权人更加"适宜"，更能体现海域资源的综合价值，进而为我国海域使用管理工作提供技术支撑和决策支撑。

本研究首先对海域资源配置基本背景和国内外现状进行了论述，对海域资源配置的基础理论进行了探讨，并回顾分析了我国海域资源配置的发展历程，基于统计数据和实地调研，分析了我国当前海域资源配置中存在的问题；其次，从法律层面和区划、规划、政策、理论层面研究了我国海域资源配置方法的基本依据；最后，从海域资源配置的评价体系和配置流程两个方面研究了海域资源配置方法，并提出了我国海域资源配置的具体建议。

本研究从内容框架上可以分为四个部分。第一部分（第0章、第1章、第2章、第3章）分析了研究的基本背景、基础理论和突出问题；第二部分（第4章、第5章）研究了我国海域资源配置方法的基本依据，包括法律依据和区划、规划、政策、理论依据两个方面；第三部分（第6章、第7章）是本研究的核心部分，重点探讨了我国海域资源配置的方法和具体措施；第四部分（第8章）是本研究的总结。具体框架如下。

引言和绪论部分（第0章、第1章）对研究目的、研究意义、研究思路、关键问题、技术路线、研究方法、研究创新以及研究的必要性、可行性、国内外研究现状等内容进行了阐述。

第 2 章论述了海域资源配置的基础理论。海域资源配置有科学的内涵；方式有行政配置和市场配置；主体是国家、单位和个人；客体是以海域和滩涂为依托的海域资源；直接目标是找适宜的海域使用权人；根本目标是促进海域资源的合理开发和可持续利用，发挥海域资源综合效益最大化；实质是海域资源在沿海地区乃至全社会的利益分配关系。

第 3 章分析了我国海域资源配置的发展历程和现状。我国海域资源配置经历了萌芽、起步、确立、发展四个阶段，且每个阶段有不同特点。当前，我国海域资源配置客观上存在着海域资源配置立法不完善，海域使用金对海域资源配置的引导和调节作用未充分发挥，海域资源市场化配置进程滞后等问题。本章对 2002—2012 年的辽宁、山东等 11 个沿海省（直辖市、自治区）海域使用统计数据进行了比对和分析，在对《中华人民共和国海域使用管理法》实施 10 周年来，11 个沿海省（直辖市、自治区）和大连、青岛、宁波和厦门 4 个计划单列市以及北海、南海和东海 3 个分局，共计 18 个海洋行政主管部门海域使用管理工作情况调研的基础上，全面剖析、总结了 10 年来我国海域资源配置中存在的问题。回顾历史、厘清现状，以便更好地研究海域资源配置方法。

第 4 章研究了我国海域资源配置方法的法律依据。当前，我国以《中华人民共和国海域使用管理法》、《中华人民共和国海洋环境保护法》和《中华人民共和国物权法》3 部法律为主干，以国务院、相关部委、国家海洋局和沿海省（直辖市、自治区）关于海域使用管理、海洋环境保护等方面的法律、法规、规章和规范性文件为组成部分的海域资源配置法律体系初步形成，其主要内容涉及海域资源产权制度、海域有偿使用制度、海域资源市场交易制度、海域使用论证制度、海洋环境影响评价制度等方面。研究海域资源配置方法，必须以我国现行海域资源配置法律、法规、规章和规范性文件为法律依据。

第 5 章分析了我国海域资源配置方法的区划、规划、政策和理论依据。海洋功能区划是我国海域资源配置的科学依据，《国民经济和社会发展第十二个五年规划纲要》等国家发展规划、指导方针和政策，以及包含着可持续发展、产业结构、产权等内容的海洋资源与环境经济学、产业经济学、区域经济学、产权经济学、生态经济学等经济学理论，也为海域资源配置方法的研究提供了科学的政策和理论依据。

第6章研究了我国海域资源配置方法。首先分析了本研究所构设的海域资源配置方法与现行海域资源配置现状的关系，该方法定位于对现行海域资源配置的细化和调整、改进。我国海域资源配置方法，包括1个评价体系和1个配置流程。其中，评价体系包括4个环节，分别为评价指标选取——指标权重确定——评价分析——评价决策，其中最核心的是选取评价指标和确定指标权重这两个环节。本研究选取了若干一级和二级评价指标，体现了海域资源价值的多重性，为海域资源配置直接目标的实现提供了科学有效的方法；配置流程包括5个环节，分别为配置依据——配置启动——配置论证和配置环评——配置评价——配置结果，配置流程具有可操作性。

第7章提出了我国海域资源配置的具体建议。解决我国海域资源配置中存在的问题，除了依靠我国海域资源配置方法外，还需要大胆创设机制、体制，并做一些制度上的安排。我国海域资源配置在坚持行政配置和市场配置并用的同时，需开展配置方式转变，大力推行市场化配置海域资源。此外，还需要从完善立法、健全制度（建立海域使用收储制度、创新海域使用权出让机制、建立海域"招拍挂"出让年度投放计划）、建立全国或区域性海域资源交易服务平台、扩大融资范围以及完善辅助决策机制（区域海洋综合管理体制、涉海行业协调管理机制、海洋部门内部配合机制）等方面全面推动海域资源配置。

最后部分（第8章）阐述了基本结论、不足及展望。

本研究主要在以下三个方面进行了创新性探索。

（1）丰富了海域资源配置的理论体系。目前，关于"海域资源配置"的概念学术界并没有做出回答。本研究结合海域资源的功能属性、资源配置的本质属性和我国海域使用管理的基本现状，对"海域资源配置"以及我国海域资源配置的概念和特性进行了详细阐述，并细分了海域资源配置的两个状态、两个时间阶段。同时，本研究分析了海域资源配置的方式、主体、客体、直接目标、最终目标、实质等基本理论。紧密结合现有的资源市场交易、海域有偿使用、海域使用论证和海洋环境影响评价等制度，分析论述了海域资源配置的一级市场、二级市场和中间市场，海域资源配置经济杠杆调节以及海域资源配置与资源使用、环境保护之间的关系。结合现行海域使用管理现行法律法规，提出了较为完善的我国海域资源配置法律框架体系，使我国海域资源配置的理论体系更加丰富。

（2）将海域使用管理中的表面现象上升到海域资源配置的理论问题，并紧扣市场在资源配置中起"决定性"作用的新定位，将其纳入海域资源配置评价体系中，提出了解决问题的配置方法和具体举措，如实行海域"招拍挂"出让年度投放计划制度、建立全国或者区域性的海域资源交易服务平台等，这些方法和措施是对党的十八届三中全会提出的要发挥市场在资源配置中起"决定性"作用的新趋势和新要求的有力呼应，同时以解决我国海域资源配置中存在的问题为视角，也将促进和推动海域使用管理工作。

（3）本研究针对我国海域资源配置中存在的问题和海域使用管理的工作实践，构设了海域资源配置方法，包括1个评价体系和1个配置流程。在评价体系方面，构设了评价指标选取——指标权重确定——评价分析——评价决策4个环节，其中在评价指标体系上选取了社会效益、经济效益、资源环境效益和其他效益4个一级指标和24个二级指标，在社会指标中增加了就业水平指标、景观功能影响程度指标、公共服务程度等指标，在经济效益中增加了单位岸线产值、纳税水平等指标，在其他效益中增加了贷款偿还能力等指标，既充分考虑了海域资源的公共性、用海群体的广泛性，又充分尊重海域使用管理现状，同时兼顾国家和社会对海域环境、海域资源保护等方面的客观需求，有利于实现海洋资源的综合价值；在配置流程方面，构设了配置依据——配置启动——配置论证和配置环评——配置评价——配置结果 5 个环节，其中在海域使用论证和海洋环境影响评价程序之后增加了海域资源配置评价流程，使得配置的依据更加充分、配置的结果更加合理，特定海域的海域使用权人"适宜"的标准更科学。该方法对现行海域资源配置做了细化、调整和改进，是现行海域资源配置的有益补充。

总之，随着党的十八届三中全会上市场在资源配置中要起"决定性"作用的提出，海域资源配置问题无疑成为当前海域使用管理工作研究的热点、重点。海域资源配置是集宏观和微观经济理论于一身，集海域使用管理、环境管理、资源管理为一体的研究课题，需要从生产关系、行政管理机构、管理机制、法律制度、管理职能调整、思想观念等方面综合考量。客观上说，本研究关于海域资源配置的方法还仅处于探索或初步研究阶段，阐述的诸多理论、观点还需在海域使用管理工作实践中不断地去补充和完善，一些措施、建议尚需在海域使用管理工作实践中逐渐地去实证和健全。

Abstract

Marine resource allocation is the allocation process between marine resources and sea area users. The allocation of marine resources is directly aimed to identify suitable persons with sea area use rights for specific waters. The ultimate goal of China's marine resource allocation is to preserve and increase the value of marine resources, and to maximize the integrated benefits of the state as the sole subject of marine resources, including political benefits, social benefits and ecological benefits like national security, public welfare and environmental protection, so that the rational development and sustainable use of marine resources would be achieved.

Marine resources are the country's fundamental natural resources and strategic economic resources with very prominent scarcity. Currently, several issues exist in China's sea area management, including: serious contradiction in sea area use among different industries, overheated sea reclamation, extensive use of marine spatial resources, low – level of coastal resources use, the higher bidder tend to obtain sea area use right through auction, bids and listing, marine ecological environment continues to deteriorate, etc. . These issues in fact reflect some problems in China's marine resource allocation, which can be summarized in three aspects: the legal system of marine resource allocation is not perfect; the sea area use fees as the sea area resource allocation economic lever did not play its due role; and the development process of market – oriented allocation is still low. In

December 2013, the Third Plenary Session of 18th CPC Central Committee repositioned the status and role of resource configuration in the market, and objectively required marine resources to be configured both from the overall national interests and vital interests of people, and to strictly manage the primary market of marine resource configuration, and to speed up the operation of the secondary market for the allocation of marine resources. However, there are still gaps between our marine resource allocation and the country's demand and the requirements of sea use management practices. The current allocation mechanism is hard to satisfy people's demands for beautiful and safe marine ecological environment, coastal areas' demands for marine disaster prevention and mitigation for the sake of development, and sea area users' demands for protect their rights and interests.

Therefore, it is urgent to carry out research on marine resource allocation method, refine, adjust and improve our marine resource allocation, to make the allocation results more reasonable, identify sea area users who are more "fit" for specific waters, and better reflect the comprehensive value of marine resources, thereby to provide technical and policy support for the integrated marine management sectors.

The paper firstly discusses the basic background and research status at home and abroad, then reviews China's marine resource allocation development process, analyzes the current issues in our marine resource allocation based on statistics and field research, studies the fundamental basis of China's marine resource allocation from legal, planning, policy and theoretical perspectives, finally studies the marine resource allocation method through its evaluation system and configuration process, and proposes concrete recommendations on China's marine resource allocation.

The content framework of the paper could be divided into four parts. The first part (Chapter 0, Chapter1, Chapter 2 and Chapter 3) analyzes the basic research background and existing critical issues; the second part (Chapter 4 and Chapter 5) studies the fundamental basis of China's marine resource allocation method, including legal basis, planning and policies basis and theoretical basis. The third part (Chapter 6 and Chapter 7) is the core of the paper, which focuses on the marine resource allocation method and specific measures. The fourth part (Chapter 8) summarizes the whole paper. The concrete framework is as follows:

The introduction parts (chapter 0, chapter 1) describe the purpose, significance, research ideas, key issues, technical route, research methods and innovative areas, research necessity and feasibility, domestic and abroad researches in and other contents firstly.

In chapter 2, the basic theory of the sea area resource allocation is discussed. Marine resource allocation has scientific connotation and extension. The premise of their research is marine function zoning with the ways including the market configuration and administration configuration, and the main units are the state and individuals; the objects are the sea area resources relying on the seas and tidal waters; immediate goal is to find a suitable person with sea use rights; fundamental goal is to promote the rational development and sustainable use of marine resources; and the substance is the distribution relations of marine resources in coastal areas and even the whole society.

Chapter 3 studies the development and status of marine resource allocation mechanism. Marine resource allocation mechanism in China has gone through four stages, that is, research gaps, the initial specification, preliminary establishment, and development, and each stage has different characteristics. At present, sea resource allocation in China has objectively major problems, including imperfect legislation of marine resource allocation, sea area use expense not forming the leading regulation for the resource utilization structure and spatial layout and other aspects, and the secondary market development lags. This chapter uses statistical data to compare and analyze sea area use statistics for 11 coastal provinces from 2002 to 2012, with the support of the departments concerned, for the tenth anniversary of the implementation of "Sea Area Use Management Law", to carry out the research and analysis of sea area management for a total of 18 administrative departments, including Liaoning, Hebei and other 11 coastal provinces (municipalities and autonomous regions) and four cities of Dalian, Qingdao, Ningbo and Xiamen, as well as the North China Sea, South China Sea and East China Sea and other branches, regarding resource allocation as one of the important research issues, and problems in the marine resource configuration in our waters, since the 10th anniversary of the implementation of "Sea Area Use Management Law" are comprehensively analyzed and summed up. Reviewing the history and clarifying the status quo are better to study sea area resource allocation methods.

The fourth chapter studies the legal basis for the sea area resource allocation in China. At present, in China, "Sea Area Use Management Law", "Marine Environmental Protection Law" and "Property Law", these three laws are regarded as the backbone. The marine resource allocation legal system is initially formed, consisting of regulations, regulations and normative documents set by the State Council, the State Oceanic Administration and the relevant ministries and the coastal provinces (municipalities and autonomous regions) on sea area management, with the main aspects covering the marine resource property system, the paid sea area use system, marine resource market trading system, sea area use verification system, marine environmental impact assessment system, etc.. The study on the marine resource allocation method must take our current marine resource configuration laws, rules, regulations and normative documents as the legal basis.

Chapter 5 studies the policy and theoretical basis for the marine resource allocation in China. Marine function zoning is the scientific basis for the marine resource allocation in China. "The Twelfth Five – Year Plan for National Economic and Social Development" and other national development plans, guidelines and policies, as well as the marine resources and environmental economics industrial economics, regional economics, property right economics, ecological economics and other kinds of economics theories also provide the scientific policy and theory basis for the study of marine resource allocation method.

Chapter 6 discusses the marine resource allocation method. First, the relationship between sea area resource allocation method established in this paper and the status of marine resource allocation is analyzed, which aims at the refinement, adjustment and improvement of the current marine resource allocation. The marine resource configuration method in China includes an evaluation system and a configuration process. Among them, the evaluation system includes four aspects, that is, the evaluation index selection, index weight determination, evaluation analysis and evaluation decision – making. The most core is to select the evaluation index and determine the index weights, and the paper selects a number of primary and secondary evaluation index, reflecting the multiplicity of the marine resource values, providing the scientific and valid approach for realizing the direct target of the sea area resources; the configuration process includes five areas, the configuration basis, configuration startup, configuration verification and configuration EIA, configuration assessment, configuration result, and the configuration process is with the operability.

Chapter 7 studies the detailed suggestions for the marine resource allocation in China. For the purpose of improving the marine resource allocation in China, it's necessary to rely on our marine resources allocation methods, and also to create boldly the mechanisms, institutions and do some institutional arrangements. While adhering to the administrative configuration and at the same time the market allocation for the marine resource allocation in China, configuration method change is needed to carry out, promoting the market allocation of marine resources. In order to comprehensively promote the marine resource allocation, it's needed to improve the legislation, advance the system (establishing purchasing and storage system for sea area use, innovative sea area use right transfer mechanism, establishing the annual plan system by way of an invitation of "bids, auction and listing"), establish the national or regional marine resource trading platform, expand the financing scope and improve decision support mechanisms (regional integrated ocean management system, sea – related sectoral coordination and management mechanisms, coordination mechanism within the marine sectors), etc..

The last chapter describes the key elements, the basic conclusion, shortage and outlook of this study.

The creative and exploratory study in this paper could be summarized as the following three aspects:

(1) Enriches the theoretical system of marine resource allocation. At present, there is no academic concept concerning "marine resource allocation". This paper describes the concept and characteristics of marine resource allocation in China by combining the functional attribute of marine resources, the basic property of marine resource allocation and status of China's sea are use management, defines two time frames for marine resource allocation. Meanwhile, the paper studies the basic theory of marine resource allocation, including the subject, ob-

ject, immediate goal, ultimate goal and its essence, discusses the primary market, the secondary market and the middle market of marine resource allocation, analyzes the relationship among the economic lever adjustment mechanism of marine resource allocation, resource use and environmental protection through current resource market transactions system, system of compensation for the use of sea area, sea area use demonstration system and marine environmental impact assessment system. Concerning the imperfect legal system, the paper proposes a comprehensive legal framework for China's marine resource allocation, further enriches the Chinese marine resource allocation theoretical system.

(2) Raises the superficial issues in sea area management to theoretical study of marine resource allocation, further incorporates the theory into marine resource allocation assessment system by closely following the new positioning of the decisive role of market in resource allocation, and makes proposals on the allocation method and specific measures. These measures are, for example, to implement the annual plan system by way of an invitation of "bids, auction and listing", and to build up national or regional marine resources transaction service platform. These methods and measures not only strongly respond the trends and requirements that market should play a "decisive role" in resource allocation which proposed in the Third Plenary Session of 18th CPC Central Committee, but also will perfect our marine resource allocation, as well as promote and facilitate the sea area management.

(3) Based on the existing issues in marine resource allocation and the practice of sea area management, the paper constructs the marine resource allocation method, including 1 evaluation system and 1 allocation process. In terms of evaluation system, 4 aspects were structured: evaluation index to select—index weight identification—evaluation and analysis—evaluation and decision—making. Eval-

uation index is consists of 4 primary indicators and 24 secondary indicators. The primary indicators are social benefits, economic benefits, resource and environment benefits and other benefits. Employment level, landscape impact level and public service were added in social indicator; unit coastline output and tax compliance degree were added in economic indicator; loan repay ability was added in other benefits indicator. The whole framework fully considered the public nature of marine resources, the pervasiveness of sea area use, completely respected the current status of sea area management, and took account of the objective needs of marine environment and resource protection on both national and social levels. It will help to realize the comprehensive value of marine resources. In terms of allocation process, 5 aspects were set up: allocation basis—allocation startup—allocation verification and allocation environmental assessment—allocation evaluation—allocation result. Marine resource allocation evaluation process was added following sea area use demonstration and marine environmental impact assessment, making the allocation basis more sound and adequate, the result more reasonable, and the user "fit" for the specific waters standard a more scientific one. The method refined, adjusted and improved current marine resource allocation system. It is a useful supplement to the existing marine resource allocation system.

All in all, with the Third Plenary Session of 18th CPC Central Committee proposing the market to play the "decisive" role in the resource allocation, the marine resource allocation problem will undoubtedly become the hot spot and focus of current researches in the sea area management. Marine resource allocation method takes on the macro – economics and micro – economics, sea area management, environmental management, resource management, requiring comprehensive consideration from the material production, administrative agencies, management systems, institutional arrangements, organizational establishment, management functional adjustment, ideas and other aspects. Objectively, in this paper, the research on the resource allocation mechanism is only a preliminary study, and many theories and perspectives need to be supplemented and perfected in the sea area management practice, and some measures and proposals have to be gradually demonstrated and improved in the marine management practices.

Abstract

9

目　录

0　引言 ……………………………………………………………（1）

　0.1　研究目的和意义 ……………………………………………（1）

　　0.1.1　研究目的 …………………………………………………（1）

　　0.1.2　理论意义 …………………………………………………（2）

　　0.1.3　实际应用价值 ……………………………………………（3）

　0.2　研究思路与主要内容 ………………………………………（3）

　0.3　拟解决的关键问题 …………………………………………（4）

　0.4　研究的技术路线 ……………………………………………（6）

　　0.4.1　基础研究 …………………………………………………（6）

　　0.4.2　理论研究 …………………………………………………（7）

　　0.4.3　应用研究 …………………………………………………（7）

　0.5　研究方法 ……………………………………………………（9）

　0.6　创新之处 ……………………………………………………（9）

1　绪论 ……………………………………………………………（12）

　1.1　研究背景 ……………………………………………………（12）

　　1.1.1　必要性分析 ………………………………………………（12）

　　1.1.2　可行性分析 ………………………………………………（16）

　1.2　国内外相关研究综述 ………………………………………（19）

　　1.2.1　国内相关研究综述 ………………………………………（19）

　　1.2.2　国外相关研究综述 ………………………………………（40）

1.3 本章小结 ……………………………………………… (48)

2 海域资源配置的基础理论 …………………………………… (49)

2.1 资源配置的概念和特征分析 …………………………… (49)

2.2 我国海域资源配置的概念和特性分析 ……………… (51)

2.3 我国现行海域资源配置的方式 ……………………… (55)

2.3.1 我国海域资源行政配置方式分析 ……………… (56)

2.3.2 我国海域资源市场配置方式分析 ……………… (60)

2.3.3 我国海域资源配置方式的比较分析 …………… (62)

2.4 海域资源配置的主体 ………………………………… (64)

2.4.1 海域所有权的主体 ……………………………… (64)

2.4.2 海域使用权的主体 ……………………………… (65)

2.5 海域资源配置的客体 ………………………………… (66)

2.5.1 海域 ……………………………………………… (66)

2.5.2 海域资源 ………………………………………… (68)

2.6 海域资源配置的目标及实质 ………………………… (69)

2.6.1 海域资源配置的直接目标 ……………………… (69)

2.6.2 海域资源配置的最终目标 ……………………… (70)

2.6.3 海域资源配置的实质 …………………………… (72)

2.7 本章小结 ……………………………………………… (73)

3 我国海域资源配置历史与现状分析 ……………………… (75)

3.1 我国海域资源配置的发展历程及特点 ……………… (75)

3.1.1 第一阶段(1993年以前):萌芽阶段 ………… (76)

3.1.2 第二阶段(1993—2002年):起步阶段 ……… (77)

3.1.3 第三阶段(2002—2011年):确立阶段 ……… (78)

3.1.4 第四阶段(2011年至今):发展阶段 ………… (79)

3.2 我国海域资源配置的现状及问题分析 ……………… (81)

3.2.1 现行海域资源配置法律体系不健全 ………… (82)

3.2.2 海域使用金对海域资源配置的引导和调节功能有限 …… (85)

3.2.3 我国海域资源市场化配置进程滞后 ………… (89)

3.3 本章小结 ………………………………………… (93)

4 我国海域资源配置方法的法律依据 ……………… (94)

4.1 我国海域资源配置法律体系的基本组成 ………… (94)

4.1.1 国家法律层次 …………………………… (95)

4.1.2 法规层次 ………………………………… (96)

4.1.3 部门规章、规范性文件层次 ……………… (96)

4.2 海域资源配置法律体系的主要内容 ……………… (97)

4.2.1 海域资源产权制度 ……………………… (98)

4.2.2 海域有偿使用制度 ……………………… (105)

4.2.3 海域资源市场交易制度 ………………… (107)

4.2.4 海域使用论证制度 ……………………… (127)

4.2.5 海洋环境影响评价制度 ………………… (132)

4.3 法律制度对海域资源配置的功能分析 …………… (137)

4.3.1 海域资源配置法律制度的特性分析 ……… (137)

4.3.2 法律制度对海域资源配置的功能分析 …… (139)

4.4 本章小结 ………………………………………… (142)

5 我国海域资源配置方法的政策与理论依据 ………… (143)

5.1 我国海域资源配置的科学依据——海洋功能区划 ………… (143)

5.1.1 海洋功能区划的内涵、历史发展和特征 ……… (144)

5.1.2 海洋功能区划对海域资源配置中的功能分析 ……… (146)

5.2 国家发展规划和政策依据分析 …………………… (148)

5.2.1 国家发展规划依据分析 ………………… (148)

5.2.2 国家有关方针政策依据分析 …………… (151)

5.3　海洋经济学理论依据分析 ……………………………………（153）

　　5.3.1　资源与环境经济学理论 ……………………………（153）

　　5.3.2　产业经济学理论 ……………………………………（158）

　　5.3.3　区域经济学理论 ……………………………………（166）

　　5.3.4　产权经济学理论 ……………………………………（167）

　　5.3.5　海洋生态经济学理论 ………………………………（169）

5.4　本章小结 ………………………………………………………（170）

6　我国海域资源配置方法研究 ……………………………………（171）

6.1　海域资源配置方法的基本定位 ………………………………（172）

6.2　海域资源配置评价体系构建 …………………………………（174）

　　6.2.1　海域资源配置评价指标体系建立 …………………（174）

　　6.2.2　海域资源配置评价指标权重确立 …………………（185）

　　6.2.3　海域资源配置评价分析 ……………………………（195）

　　6.2.4　海域资源配置评价决策 ……………………………（195）

6.3　海域资源配置流程构建 ………………………………………（198）

　　6.3.1　海域资源配置依据 …………………………………（198）

　　6.3.2　海域资源配置启动 …………………………………（200）

　　6.3.3　海域资源配置论证和配置环评 ……………………（201）

　　6.3.4　海域资源配置评价 …………………………………（202）

　　6.3.5　海域资源配置结果 …………………………………（203）

6.4　本章小结 ………………………………………………………（204）

7　我国海域资源配置的具体措施研究 ……………………………（206）

7.1　加快我国海域资源配置方式转变 ……………………………（206）

　　7.1.1　行政配置和市场配置两种方式综合并用 …………（207）

　　7.1.2　加快海域资源市场化配置进程 ……………………（209）

7.2　加强海域资源市场化配置立法 ………………………………（211）

7.3 创新海域资源市场转让机制 ……………………………… （214）

7.4 建立海域"招拍挂"出让年度投放计划制度 …………… （216）

7.5 创建全国或者区域性海域资源交易服务平台 ………… （219）

7.6 扩大海域使用权抵押和融资范围 ……………………… （222）

7.7 建立海域资源配置辅助决策机制 ……………………… （226）

7.8 本章小结 ………………………………………………… （227）

8 结论、不足及展望 ………………………………………… （228）

8.1 基本结论 ………………………………………………… （228）

8.2 存在不足及展望 ………………………………………… （230）

参考文献 ………………………………………………………… （234）

0.1　研究目的和意义

0.1.1　研究目的

　　海域资源配置是海域资源与使用对象之间配置的过程。海域资源配置的直接目标是针对特定海域，运用配置方法，找到"适宜"的用海者。海域资源配置的最终目标，除了要实现海域资源的保值增值，还要最大程度地实现国家作为海域资源唯一主体的综合收益权，如国防安全、公益事业、环境保护等政治效益、社会效益、生态效益，以实现海域资源的合理开发和可持续利用。

　　海域资源是国家基础性自然资源和战略性经济资源，稀缺性十分突出。当前我国海域使用管理工作中客观存在着行业用海矛盾突出、围填海用海过快过热、海域空间资源粗放利用、岸线资源利用水平低下、海域"招拍挂"中往往竞价高者取得海域使用权以及海域生态环境持续恶化等现象，这些现象实际上反映的是我国海域资源配置存在的一些问题，归纳起来是三个方面：一是我国海域配置法律制度不健全；二是海域使用金对海域资源配置的引导和调节作用有限；三是海域资源市场化配置进程缓慢。我国海域资源配置目前主要是行政配置和市场配置，在行政配置中，一些政府部门往往过于注重经济效益，忽视环境甚至以牺牲环境为代价去攫取"政绩"，在市场配置中，通常以竞价高者取得海域使用权，海域资源配置的结果与经济效益直接挂钩，海域资源的社会、资源环境等综合价值实际上未得到充分体现。

当前，国家对资源开发提出了更高要求，对市场在资源配置中的地位和作用进行了重新定位，市场在资源配置中的地位由"基础性"作用上升为"决定性"作用，客观上要求我国海域资源一级市场更加严格，二级市场要加快流转。而我国海域资源配置现状与国家的要求和海域使用管理实践的需求有距离，已经无法满足人民群众对优美安全的海洋生态环境的需求、沿海区域发展对防灾减灾的需求以及广大基层用海者对维护自身权益的需求。

因此，迫切需要开展海域资源配置方法研究，对我国现行海域资源配置做进一步细化、调整和改进，使得海域资源配置结果更加合理，遴选出的海域使用权人更加"适宜"，更能体现海域资源的综合价值，进而为我国海域使用管理工作提供技术和决策支撑。

0.1.2 理论意义

结合经济学中关于"资源"、"资源配置"的解释以及我国海域使用管理的实践，本研究从海域资源配置的本质属性出发，提出了"海域资源配置"的基本概念，分析了我国海域资源配置的特性，并研究了我国海域资源配置的方式、主体、客体、目标、实质等内容，论述了海域资源配置的一级市场、二级市场和中间市场，海域资源配置经济杠杆调节机制以及海域资源配置与资源使用、环境保护之间的关系，对海域资源配置发展历程进行了梳理和总结，完善了我国海域资源配置理论体系，充实和完善了海洋科学发展观、海洋可持续发展的内涵，为提升国家资源配置理论和海域使用管理理论创造了条件。

0.1.3　实际应用价值

（1）全面梳理我国海域资源配置的发展历史，为未来海域资源配置工作的开展定位提供参考。

（2）通过选择各种配置评价指标，结合海域使用管理工作实践，构设海域资源配置评价体系和我国海域资源配置流程，既便于实现我国海域资源配置的直接目标，即通过资源配置评价体系和配置流程，找到"适宜的海域使用权人"，也是对现行海域资源行政配置和市场配置做细化、调整、改进和有益的补充。

（3）对当前我国海域资源配置中存在的问题进行全面、系统、深入地梳理，结合国家关于资源配置的最新要求，研究提出我国海域资源配置方法和具体措施，促进和推动我国海域资源的合理配置。

（4）我国海域资源配置作为海域使用管理的重要方面，海域资源配置的目的与海域使用管理的宗旨是一致的。本研究以探讨我国海域资源配置方法为视角，进一步梳理了我国海域使用管理的基本现状和存在的问题，本研究将有助于推动我国海域使用管理实践的科学、可持续发展，也有利于推动和促进我国海域资源合理开发和可持续利用。

0.2　研究思路与主要内容

本研究以提出问题、回答问题引出研究思路和研究内容。

（1）系统研究海洋资源配置的概念、特征、类型、主体、客体、实质、目标等内容，回答"海域资源配置的特征、方式、主体、客体是什么（第2章）"、"海域资源配置的目标什么（第2章）"、"海域资源配置的实质什么（第2章）"等问题。

（2）梳理和总结我国海域资源配置的发展历史，统计分析我国海域资源配置的现状，回答"我国海域资源配置是怎么发展的（第3章）"、"我国现行海域资源配置现状是怎么样的（第3章）"等问题。

（3）从海域使用管理法律法规和国家区划、规划政策、经济理论等层面寻找海域资源配置的法律依据和政策理论依据，回答"研究海域资源配置方法有哪些法律和政策理论上的依据（第4章、第5章）"问题。

（4）根据上述法律依据、政策理论依据，参考可持续发展等原则，选择海域资源配置评价指标，构设海域资源配置评价体系和海域资源配置流程，回答"本研究的海域资源配置方法对现行海域资源配置做了哪些细化和调整、改进（第6章）"、"海域资源配置评价指标有哪些，评价体系和配置流程怎么构设（第6章）"问题。

（5）要解决现行海域资源配置中存在的问题，除了研究资源配置方法作为行政配置和市场配置的细化和补充之外，还要结合党的十八届三中全会提出的市场在资源配置中起"决定性"作用的要求，从转换配置方式、完善立法、健全制度、设立市场交易平台、开展评估以及建设辅助决策机制等方面进行我国海域资源配置调整，回答"我国海域资源配置还需要采取哪些举措（第7章）"等问题。

上述问题，从内容框架上可以分为四个部分。第一部分（第0章、第1章、第2章、第3章）分析了研究的研究背景、基础理论和突出问题；第二部分（第4章、第5章）研究了我国海域资源配置方法的基本依据，包括法律依据和区划、规划、政策、理论依据两个部分；第三部分（第6章、第7章）是本研究的核心部分，研究了我国海域资源配置的方法和具体措施；第四部分（第8章）是本研究的总结。

研究总体框架和主要内容如图0－1所示。

0.3 拟解决的关键问题

（1）国内外尚未有专题论述海域资源配置方法的专著和论文，甚至未有"海域资源配置"的认同的定义，需要全面掌握研究现状，为研究我国

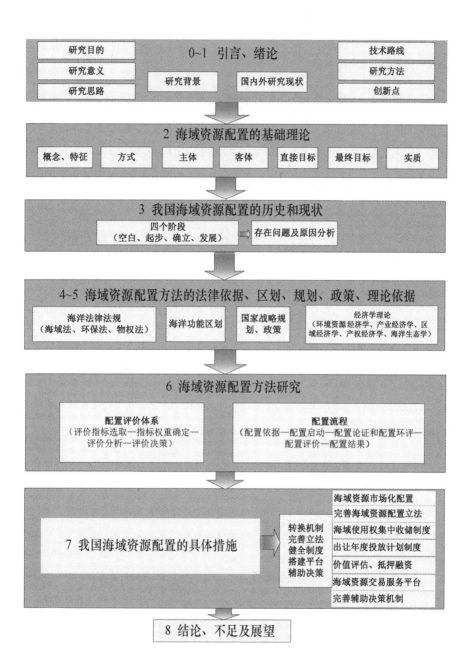

图 0-1　本研究的总体框架和主要研究内容

海域资源配置方法提供参考、借鉴。

（2）我国海域资源配置经历了一个发展历程，党的十八届三中全会对海域资源配置又提出了更高的要求，需要进一步梳理我国海域资源配置现状、存在的问题，深挖根源、找出对策。

（3）海域资源配置问题涉及诸多领域，需要全面从法律层面以及国家区划、规划、政策、经济学理论等方面入手，以开展海域资源配置方法研究提供法律和区划、规划、政策和理论依据。

（4）海域资源配置有直接目标和最终目标。针对特定海域，运用配置方法找到适宜的用海者是海域资源配置的直接目标，在海洋功能区划已经确定某一海域的基本功能的前提下，基于海域资源的合理开发和可持续利用，以实现海域资源的综合效益最大化是资源配置的最终目标，现行资源配置找到的用海者以追求经济效益为核心，忽略了对综合效益的诉求，现行海域资源配置存在诸多问题，已经不满足现实实践的需求，因此需要对现行海域资源配置做细化、调整和改进，亦即科学选取海域资源配置评价指标，构建科学的海域资源配置评价体系和完备的配置流程，使得遴选出的用海者更加"适宜"，更能体现海域资源的综合价值。

0.4 研究的技术路线

0.4.1 基础研究

（1）综述国内外专家学者在资源、资源配置、海域使用管理、资源与环境经济学、产业经济学、区域经济学、产权经济学、生态经济学等方面的基础理论，以及我国在土地、水、科技等行业资源配置方面的研究现状，为研究海域资源配置方法打下基础。

（2）结合有关省、市、县开展的海域使用管理工作实践，如浙江省象山县、福建省漳州市开展的海域使用管理创新试点，为海域资源配置方法的研究提供思路、方法和建议。

（3）梳理我国海域资源配置的四个阶段发展历程及特点。

（4）分析我国海域资源配置中存在的问题。

（5）从法律法规以及国家区划、规划、政策、经济学理论等方面探讨海域资源配置方法的基本依据。

0.4.2　理论研究

（1）研究海域资源、资源配置的概念和特征，诠释"海域资源配置"和"我国海域资源配置"的概念和特性，为本研究打下理论基础。

（2）系统研究海域资源配置的方式、主体、客体、目标和实质等海域资源配置的基础理论。

（3）以海域资源配置方法研究为视角，进一步研究海域使用管理领域的海域权属、海域有偿使用、海洋功能区划等基础理论，深化我国海域使用管理理论研究。

（4）紧密结合现有的资源市场交易、海域有偿使用、海域使用论证和海洋环境影响评价等制度，分析论述海域资源配置的一级市场、二级市场和中间市场，海域资源配置经济杠杆调节以及海域资源配置与资源使用、环境保护之间的关系。

（5）结合现行海域使用管理现行法律法规，提出我国海域资源配置法律框架体系。

0.4.3　应用研究

（1）对海域资源配置方法做出定位，构设海域资源配置评价体系和配置流程，实现海域资源配置的直接目标和最终目标。

（2）在开展我国海域资源配置方法研究的基础上，理出我国海域资源配置中存在的问题，并提出解决问题的具体措施。

技术路线如图 0-2 所示。

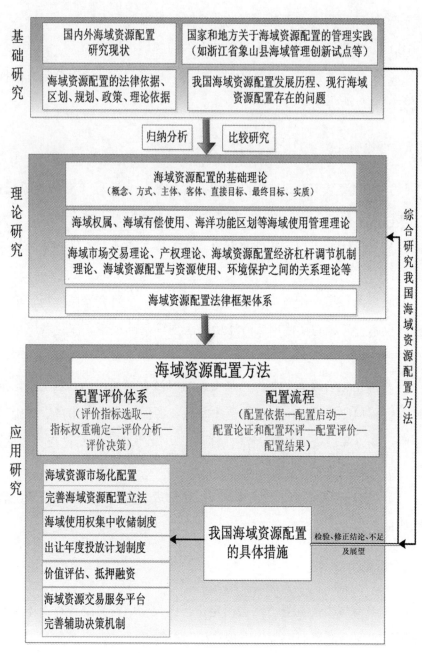

图 0-2　本研究的技术路线

0.5 研究方法

（1）历史分析法。对我国海域资源配置的发展历史进行归纳，总结我国海域资源配置的四个发展历程并分析特点。

（2）比较研究法。只有通过比较，才能得出较为正确的结论，结合我国海域使用管理工作的开展情况以及国家海域使用管理历年的统计数据，探讨海域资源配置存在的问题，比较本研究构设的海域资源配置方法对现行海域资源配置的调整和改进。

（3）系统分析法。将海域资源配置问题作为一个系统，置其于海域使用管理、海洋环境保护管理的大环境中，分析这个系统内部环境与外部环境对海域资源配置的影响。

（4）个案分析法。结合当前国内部分地区，例如浙江省象山县、福建省漳州市开展的海域资源配置工作试点，探讨解决我国海域资源配置中存在问题的具体措施。

（5）归纳演绎法。对我国《中华人民共和国海域使用管理法》（以下简称《海域使用管理法》）实施以来的有关统计数据进行研究分析，归纳出我国海域资源配置中存在的问题。以市场化配置海域资源为导向，提出建立海域资源交易服务平台等解决我国海域资源配置中存在问题的具体措施，对我国海域资源配置的法律体系进行演绎分析。

总之，本研究不是将各种分析方法割裂开来，而是将各方法进行交叉融合，互相借鉴，以求更好地将问题阐释清楚。

0.6 创新之处

本研究的创新之处表现在以下三个方面。

（1）丰富了海域资源配置的理论体系。目前，关于"海域资源配置"的概念学术界并没有做出回答。本研究结合海域资源的功能属性、资源配置的本质属性和我国海域使用管理的基本现状，对"海域资源配置"以及我国海域资源配置的概念和特性进行了详细阐述，并细分了海域资源配置的两个状态、两个时间阶段。同时，本研究分析了海域资源配置的方式、主体、客体、直接目标、最终目标、实质等基本理论。紧密结合现有的资源市场交易、海域有偿使用、海域使用论证和海洋环境影响评价等制度，分析论述了海域资源配置的一级市场、二级市场和中间市场，海域资源配置经济杠杆调节以及海域资源配置与资源使用、环境保护之间的关系。结合现行海域使用管理现行法律法规，提出了较为完善的我国海域资源配置法律框架体系，使我国海域资源配置的理论体系更加丰富。

（2）将海域使用管理中的表面现象上升到海域资源配置的理论问题，并紧扣市场在资源配置中起"决定性"作用的新定位，将其纳入海域资源配置评价体系中，提出了解决问题的配置方法和具体举措，为管理部门制定海域资源配置政策提供技术和决策管理支撑。本研究针对当前存在的行业用海矛盾突出、围填海用海过快过热、海域空间资源粗放利用、岸线资源利用水平低下、海域"招拍挂"中往往竞价高者取得海域使用权以及海域生态环境持续恶化等现象，运用可持续发展、产权等理论予以分析，将海域使用管理中的一些表面现象上升到海域资源配置的三个深层次问题层面，并提出了解决该问题的方法和举措，如实行海域"招拍挂"出让年度投放计划制度、建立全国或者区域性的海域资源交易服务平台等，这些方法和措施既是对党的十八届三中全会提出的要发挥市场在资源配置中起"决定性"作用的新趋势和新要求的有力呼应，同时以解决海域资源配置问题为视角，也将促进和推动海域使用管理工作。

（3）本研究结合海域使用管理的工作实践，构设了海域资源配置方法，包括1个评价体系和1个配置流程。在评价体系方面，构设了评价指标选取——指标权重确定——评价分析——评价决策4个环节，其中在评价指标体系上选取了社会效益、经济效益、资源环境效益和其他效益4个一级指标和24个二级指标，在社会指标中增加了就业水平指标、景观功能影响程度指标、公共服务程度等指标，在经济效益中增加了单位岸线产值、纳税水平等指标，在其他效益中增加了贷款偿还能力等指标，既充分考虑了海域资源的公共性、用海群体的广泛性，又充分尊重海域使用管理现状，同时兼顾国家和社会对海域环境、海域资源保护等方面的客观需求，有利于实现海洋资源的综合价值；在配置流程方面，构设了配置依据——配置启动——配置论证和配置环评——配置评价——配置结果5个环节，其中在海域使用论证和海洋环境影响评价程序之后增加了海域资源配置评价流程，使得配置的依据更加充分、配置的结果更加合理，特定海域的海域使用权人"适宜"的标准更加科学。该方法对现行海域资源配置做了细化、调整和改进，是现行海域资源配置的有益补充。

1

绪论

1.1 研究背景

1.1.1 必要性分析

海域资源是国家基础性自然资源和战略性经济资源，稀缺性十分突出，海域资源配置是否合理事关国家整体利益和广大人民群众的切身利益，现行海域资源配置不能有效体现海域资源的综合价值，与国家的要求和海域使用管理实践的需求有距离，亟须做调整、细化。

依据《联合国海洋法公约》的规定和我国政府的主张，我国可管辖的海域面积约 $300 \times 10^4 \text{ km}^2$，范围包括内水、领海、毗连区、专属经济区和大陆架。这些区域法律地位各不相同，内水和领海是国家领土的组成部分，面积约为 $38 \times 10^4 \text{ km}^2$，法律地位与陆地领土完全相同；专属经济区和大陆架区域的管辖权利、管理事项则相对有限。目前，我国在黄海、东海和南海三个海区，与沿岸相邻或相向的国家存在着程度不同的岛屿主权、海域划界和海洋资源开发等方面的海洋争端[1]。

从绝对值上看，我国是海洋大国，拥有大陆岸线 18 000 km 余，岛屿岸线 14 000 km 余，面积在 500 m² 以上的海岛 6 500 多个。我国海域处在中低纬度地带，自然环境和资源条件比较优越。其中，滩涂面积 3.8 ×

$10^4\ km^2$，水深 $0 \sim 15\ m$ 的浅海面积 $12.4 \times 10^4\ km^2$，现有技术条件下可进行养殖的面积有 $260 \times 10^4\ hm^2$。面积在 $10\ km^2$ 以上的海湾 150 多个，深水岸线 400 km 余，许多岸段适合建设港口，发展海洋运输业。近海石油资源量约 $240 \times 10^8\ t$，天然气资源量近 $14 \times 10^{12}\ m^3$，开发潜力巨大。沿海地区共有 1 500 多处旅游娱乐景观资源，适合发展海洋旅游业[2]。

但从国际上看，我国海洋资源优势并不明显。目前，衡量海洋资源优势有三个重要指标：一是人均管辖海域面积；二是海陆面积比值；三是海岸线系数。我国的这些指标都远远低于世界平均水平。具体来说，在人均管辖海域面积方面，世界沿海国家平均为 $0.026\ km^2$，而我国只有 $0.002\ 9\ km^2$，只是世界平均数的 1/10，排在第 122 位，而与我国相邻的海洋国家的平均数都超过我国 10 倍以上。从可管辖海域面积与大陆面积的比例方面，世界沿海国家平均为 0.94，我国仅为 0.3，不到世界平均水平的 1/3，排在第 108 位，而日本可管辖海域面积与大陆面积的比超过 11，朝鲜是 2.17，越南是 2.19，菲律宾是 6.31，都大大超过我国。我国的大陆岸线和岛屿岸线虽然比较长，但海岸线与陆地面积之比的系数却仅为 0.001 8，排在第 94 位[3]。并且，我国这些稀缺的海域资源还面临着多方面的挑战。争夺海洋空间日趋激烈，有关国家加紧侵占我国海域资源。许多国家已将公海和极地视为战略新疆域和未来发展的空间，正在紧锣密鼓地争夺新的权益或者谋划建立新的秩序。

我国是世界上最大的发展中国家，所面临的人口、资源、环境三大问题更为突出[4]。随着海域开发、经济、环保之间关系的日益密切，衡量三者之间的关系已经成为海域资源配置的一个重要内容。在我国坚守 18 亿亩耕地红线，土地资源日益匮乏的同时，国家亟须持续不断地向海洋要土地，合理配置海域资源已经成为缓解陆地资源短缺的关键举措。

稀缺资源的配置，实质上一种利益的分配。海域资源作为国家稀缺性的自然资源，其配置因涉及的主体群体庞大、客观对象有限，具有利益矛盾复杂化、尖锐化和不易协调等特点。海域资源配置还关系到人民生活质量、国家稳定和经济增长等重大问题，配置不合理不但会影响海域资源的持续健康发展，而且会成为社会利益冲突的根源之一。人类社会发展进步过程中，经济价值创造的同时往往需要以自然资源、环境质量的消耗为代价，过于追求经济发展水平，则无法考察经济发展背后对海域环境、资源的影响程度，甚至海域资源开发利用所带来的经济收益无法弥补给资源环境造成的损失。

我国海域使用管理工作中客观存在着行业用海矛盾突出、围填海用海过快过热、海域空间资源粗放利用、岸线资源利用水平低下、海域"招拍挂"中往往竞价高者取得海域使用权以及海域生态环境持续恶化等现象，这些现象实际上反映了我国海域资源配置中存在的问题，可以归纳为三个方面：一是我国海域资源配置中客观存在着配置法律制度不健全；二是海域使用金对资源配置的引导和调节作用有限；三是海域资源市场化配置进程缓慢。我国海域资源配置目前主要是行政配置和市场配置，在行政配置中，一些政府部门往往过于注重经济效益，甚至忽视环境，以牺牲环境为代价去攫取"政绩"；在市场配置中，通常以竞价高者取得海域使用权，海域资源配置的结果与经济效益直接挂钩，海域资源的社会、资源环境等综合价值实际上未得到充分体现（详见第3.2节内容）。虽然当前沿海区域开发对海洋空间的需求、沿海产业结构调整对培育和壮大海洋战略性新兴产业的需求越来越迫切，但是人民群众对优美安全的海洋生态环境的需求、沿海区域发展对防灾减灾的需求以及广大基层用海者对维护自身权益的需求同样也是越来越迫切[5]。这些都客观上要求对现行的海域资源配置做相应细化、调整和改进。例如，在经济效益指标中增加除了海域使用金收益之外的因素，扩充社会效益、资源环境效益等因素在资源配置中的比重，使特定海域匹配的海域使用权人更能兼顾国家、社会和广大人民群众等多方利益。

当前，国家对资源开发提出了更高要求，对市场在资源配置中的地位和作用进行了重新定位，客观上要求海域资源一级市场更加严格，二级市场要加快流转，但当前海域资源配置现状与海域资源市场化配置的要求还有距离，我国海域资源配置需采取应对举措，以适应发展方向、发展潮流。

2012 年 11 月，党的十八大提出了"提高海洋资源开发能力，发展海洋经济，保护海洋环境，坚决维护海洋权益，建设海洋强国"的战略部署和宏伟目标，进一步部署了"优化国土空间开发格局"的战略任务[6]。国土空间开发既包括对陆域空间的开发，也包括对我国蓝色国土，即海域空间的开发[7]。实现海洋强国的目标客观上要求我国海域空间开发要从全国发展的视角与全局利益角度出发，以我国人口资源环境相均衡、经济社会生态效益相统一为原则[8]，通过优化现在和将来经济、社会、人口与环境等要素，强调在产业发展、经济增长、消费模式改变的进程中，尽最大可能节约能源资源和保护生态环境[9]。2013 年 11 月，党的十八届三中全会依据党的十四大以来的 20 多年的实践，对政府和市场关系进行了新的科学定位，将市场在资源配置中的"基础性"作用修改为"决定性"作用。随着市场在资源配置中地位的提升，海域资源配置市场化也需顺应发展潮流。这些都要求我国海域资源配置的一级市场更加严格，二级市场要加快流转[10]。

然而，我国海域资源配置的基本格局是以行政配置为主，市场配置为辅，即便如此，市场配置仍然是建立在"基础性"作用条件上的，与党的十八大提出的市场要起"决定性"作用的要求有较大差距。本研究对《海域使用管理法》实施以来的海域使用基础数据进行了统计分析，结果表明：行政审批成为我国海域资源配置的重要抓手，我国海域资源配置方式相对单一，行政方式配置海域资源占 90% 以上，海域使用"招拍挂"比例与行政审批比例相差很大。此外，我国海域资源配置法律制度不健全，海域使用金虽然成为我国海域资源配置的重要经济杠杆，但对海域资源利用结构和空间布局等方面的引导调节作用发挥有限，我国粗放式配置海域资源还比较严重，这些都严重制约了海域资源基本功能的发挥和价值的体现。

海域资源配置的直接目标是针对特定海域，运用配置方法，找到"适宜"的海域使用权人，通过海域资源的合理开发利用，除了要实现海域资源的保值增值，还要最大程度地实现国家作为海域资源唯一主体的综合的收益权，如国防安全、公益事业、环境保护等政治效益、社会效益、生态效益等。因此，开展海域资源配置方法研究，对现行海域资源配置做进一步调整和优化，使得海域资源配置结果更加合理，遴选出的海域使用权人更加"适宜"，更加能顺应市场化配置发展趋势，进而为我国海域使用管理工作提供技术支撑和决策支撑，具有紧迫性、必要性。

1.1.2 可行性分析

（1）海域资源配置议题日益受到国家的高度重视

当前，海洋发展进入国家重要决策，"21 世纪是海洋世纪"已经成为全球政治家、战略家、军事家、经济学家和科学家的广泛共识[11]；沿海地区经济社会的快速发展、陆域资源的日益减少以及世界经济一体化步伐加快等多种因素驱使人们生活环境的趋海性增加，内陆人口逐步向沿海迁移，一些产业要素，特别是外向型企业纷纷向沿海布局，临港临海产业规模日益加大[12]。据统计，我国沿海地区占全球陆域面积的1%，却承载着5亿多的人口，创造了近6%的全球经济总量，收到了近10%的国际投资，产生了7%的国际贸易总量[13]。党中央、国务院准确把握时代特征和世界潮流，从战略高度对海洋事业发展做出了全面部署[14]。2010 年 11 月发布的《中共中央关于制定国民经济和社会发展第十二个五年规划的建议》提纲挈领，用 106 字方针专门部署海洋工作，将"合理开发利用海洋资源"

作为海洋工作的重要目标。2011 年 3 月 16 日，《中华人民共和国国民经济和社会发展第十二个五年规划纲要》正式出台，其第一篇第一章"发展环境"中明确指出要"充分发挥市场在资源配置中的基础性作用，使国家面貌发生新的历史性变化"，在第十二章"构建综合交通运输体系"中提出"提高空域资源配置使用效率"。需要指出的是，该纲要专设第十四章"发展海洋经济"，从国家战略高度确立了"十二五"期间海洋事业的发展方向和目标。在第十四章的两节中提出要"提高海洋开发能力"、"合理开发利用海洋资源"、"健全海域使用权市场机制"等，为海域资源配置问题提出了原则和方向。

2003 年 5 月 9 日，国务院正式发布我国第一个指导全国海洋经济发展的宏伟蓝图和纲领性文件——《全国海洋经济发展规划纲要》，确定了我国 2010 年之前海洋经济发展的战略目标、原则、产业布局及相关支持领域的发展方向和主要措施，要求"加快海洋资源的开发利用，促进沿海地区经济合理布局和产业结构调整"[15]。2012 年 1 月 17 日，《全国海洋经济发展"十二五"规划》（以下简称《规划》）通过了由国家发展和改革委员会、国家海洋局组织的专家评审会，2012 年 9 月 16 日，该《规划》由国务院颁发执行。《规划》全面涉及了海洋经济布局优化、结构调整、科技创新、资源开发利用和生态环境保护等方面，要求通过优化海洋资源配置，促进新的海洋经济增长极的形成。

2012 年 3 月，《全国海洋功能区划（2011—2020 年）》经国家海洋局报请国务院批准[16]。海洋功能区划作为《海域使用管理法》确立的三大基本制度之一，是合理开发利用海洋资源、有效保护海洋生态环境的法定依据，也是海域资源配置的基础前提。特别是该区划中提出了新形势下"五个用海"的指导思想，在处理发展与保护的关系上，要在发展中保护、在保护中发展，要按照科学分区、准确定位、综合平衡的原则，实行规划用海、集约用海、生态用海、科技用海、依法用海，最终实现沿海地区经济的平稳较快发展以及社会的和谐稳定。全国海洋功能区划确定了全国各海域的基本功能，为海域资源配置提供了科学依据[17]。

（2）海域资源配置已经被列为国家和地方海洋行政主管部门的重要工作，并积累了一定的经验

2011年度国家海洋局工作报告中，首次提到要开展海域资源市场化配置研究，该报告在第二部分（2012年主要工作任务）中的第三个措施"坚持依法管理，大力提升管控能力"中，特别提出"要充分发挥市场在海域资源配置中的基础性作用，实现海域资源性资产的保值增值"[18]。2012年度国家海洋局工作报告也提出了海域资源市场化配置问题[19]。为落实该报告，国家海洋局发布了2012年和2013年海域使用管理工作要点，连续两年将研讨海域资源配置问题作为一项重点工作。

与此同时，各沿海地方海洋行政管理部门在海域资源配置方面逐步开展了相关实践，积累了一定的经验。例如，为推进海洋经济建设、海洋资源要素保障和海域资源市场化配置，2011年，浙江省象山县海洋产权交易中心被列为国家海洋管理创新试点单位，浙江省根据《国务院关于浙江海洋经济发展示范区规划的批复》（国函〔2011〕19号），制定了《象山县海洋产权交易中心海洋管理创新试点实施方案》，该方案将海域资源配置作为创新试点的重要内容；同时，天津、福建等其他省市也开展了海域使用权招标拍卖工作，将海域使用权"招拍挂"作为海域资源配置的重要手段。

（3）海洋经济快速稳定增长，海域资源配置法律体系日益完善，海洋经济学理论得到不断发展，为海域资源配置方法研究打下了坚实的法律基础和理论基础

2014年3月11日，据国家海洋局公布的数据显示：2013年全国海洋生产总值已经达54 313亿元，比2012年增长7.6%，海洋生产总值占国内生产总值的比重达9.5%。海洋经济的快速健康发展是海域开发推动的结

果[20]，海洋经济的增长也体现了海域的基本价值，海域的基本功能得到了科学发挥[21]，海洋经济的发展为海域资源配置提供了必备的物质设施、人才保障等条件，客观上为海域资源配置方式调整提供了经济和物质基础。同时，以《海域使用管理法》、《中华人民共和国海洋环境保护法》（以下简称《海洋环境保护法》）和《中华人民共和国物权法》（以下简称《物权法》）3 部法律为主干，以国务院、相关部委、国家海洋局和沿海省（直辖市、自治区）关于海域使用管理、海洋环境保护等方面的法律、法规、规章和规范性文件为组成部分的海域资源配置法律体系也在不断完善，资源与环境经济学、产业经济学等海洋经济学科理论不断发展，新的理论不断涌现，为海域资源配置方法的研究提供了重要条件。

（4）国家对政府"政绩"的评价标准以及广大人民群众对资源配置的认识有了较大转变，研究资源配置方法有了一定的社会基础

现行海域资源配置比较倚重经济效益指标，影响甚至损害了海洋生态资源的可持续发展和良好的用海秩序，这与有些政府部门坚持以"唯GDP"论的经济发展观有必然联系。当前国家明确提出了政府"政绩"考核评价要引导到"加快方式调结构、实现科学发展观"上来[22]，也就是说对政府"政绩"考核标准发生了转型、升级，考察政府"政绩"要GDP，但不唯 GDP。而且随着广大人民群众对公平、公正、公开享用海域的期望越来越迫切，对社会稳定和海洋生态文明越来越渴望，对现行海域资源配置应该做相应的调整和优化已基本形成共识，这也为研究资源配置方法提供了一定的社会基础。

以上这些都为开展海域资源配置方法的研究提供了可行性条件。

1.2　国内外相关研究综述

1.2.1　国内相关研究综述

国内学术界对海域资源配置的研究，主要是从资源内涵和外延、资源

配置理论（如可持续发展理论、产业经济学理论、资源与环境经济学理论、评价体系、评价方式等方面），以及我国土地、水、卫生、人力等相关行业的资源配置问题方面着手。海域资源配置系海域使用管理的基本内容之一，学术界对海域使用管理的研究集中于海域使用管理制度研究、海域使用权制度研究、海域资源二级市场转让研究、海域空间资源使用研究等方面，注重论述战略性、宏观性问题，对微观领域活动主体的把握较弱，在资源配置的依据重心放在海域使用金收益上，较少关注生态效益、社会效益对资源配置的影响，因此特别需要梳理我国自从有海域使用配置活动以来的发展特点和状态，并提出一些对我国海域资源配置有针对性且切实可行的举措。

1.2.1.1 对资源内涵和外延的研究

有关资源（resource）的概念，迄今还未有一种现成的、能够被人们所普遍接受的定义，现有的资料文献中对资源的外延有多种理解[23]。资源有广义和狭义之分[24]。一般意义上的资源包括自然资源和社会资源。"资源"一词最一般的意义是指自然界及人类社会中一切能为人类形成资财的要素，资财的来源或财源是资源最为一般的释义[25]。

《辞海》从两个层次对资源进行解释。首先，"资源是资财的来源，一般指天然的财源"，其次，"资源是一国或一定地区内拥有的物力、财力、人力等物质要素的总成，包括自然资源，如阳光、空气、水、土地、森林、草原、动物、矿藏等，还包括社会资源，如人力资源、信息资源以及劳动创造的物质财富。[26]"此外，《财经大辞典》将资源解释为"人类可以利用的自然生成物以及生成这些成分的环境功能"。至于那些已经被人类开发利用或改造的自然资源，如已开垦利用的土地等，因为附加了人为的因素，一般应具有双重性[27]。

王子平、冯百侠、徐静珍编著的《资源论》认为"资源是一种抽象，是为保证社会活动目标实现而所必需的一切条件，包括物质的、制度的和意识的条件。"何盛明等对资源解释为："生产资料和生活资料的天然来源。包括自然界中没有经过加工而以现存形式存在的一切天然物质财富。"

叶浪、杨继瑞认为："资源是对人类或非人类有用或有价值的所有部分的集合，包括自然资源、人力资源、信息资源、科技资源、时间资源、空间资源、社会资源（如权力）。"[28]

孙湘平在《中国的海洋》中对我国海洋的基本形态进行了解释，并将我国海洋资源分为海洋化学资源、海洋矿产资源、海洋动力资源和海洋生物资源[29]。

朱坚真在其著作《海洋资源经济学》中综合概括了当前一些学者对资源的定义，认为资源既包括社会资源也包括自然资源[30]。

杨云彦认为"自然资源是指广泛存在于自然界的能为人类利用的自然要素。诸如土地、水资源、矿物、气候资源、生物资源等"。

余秉坚认为自然资源"是在生产过程中从土地或海洋中直接挖掘或取出产品而逐渐耗竭的资产，如森林、石油、矿山等"[31]。

蔡守秋认为资源"是自然界形成的可供人类利用的一切物质和能量的总成。"[32]

可见资源的概念并不是固定不变的，资源的概念因不同历史时期，其侧重点不同，内涵和外延有所区别，资源的内涵和外延是与经济社会发展程度相互对应、相互呼应的。特别是在当前，人口、资源和环境的关系日益密切，资源在侧重其自然属性的同时，不可忽视其社会属性，资源的外延应该是自然资源和社会资源的结合[33]。并且，随着海洋经济的发展，同土地资源、矿产资源一样，海洋资源也是资源的重要组成部分。

1.2.1.2 对资源配置的研究

当前国内学者关于海域资源配置的研究表现出五个特征：一是当前的

研究主要将服务对象确定在政府决策部门方面，资源配置中过分强调海域使用金收益的重要性，进而提出了一些宏观的战略性对策；二是海域资源配置的研究注重于资源配置方式方面的研究，而且大部分仍然将市场在资源配置的地位定格在"基础性"作用上，与党的十八届三中全会提出的新要求有较大差距；三是由于海域资源配置作为微观领域的内容，其研究议题相对比较分散，更未单独就资源配置方法问题开展深入研究；四是目前的资源配置研究偏向于宏观方向性研究，如可持续发展理论、产业经济学理论、资源与环境经济学理论等；五是在资源配置评价指标、评价方法等微观领域缺乏深入研究。

（1）可持续发展理论方面

鹿守本在编著的《海洋资源与可持续发展》中，对我国海洋资源开发进展和存在的问题，以可持续发展为理念，提出了增强海洋意识，转变海洋观念，扩大、深化中国海洋资源调查、勘探，开展海洋观念区划，以区划实施开发和利用等对策和建议[34]。

柴盈和曾云敏在《中国走向强可持续性发展的战略选择》中对强可持续发展和弱可持续发展进行了阐释，认为近 20 年来世界上许多国家发展的可持续性问题引起很大争议的主要原因在于选择了强可持续性和弱可持续性两种不同范式作为测评标准，作者对强可持续发展和弱可持续发展进行了比对，提出我国要实现强可持续发展目标，需要发展循环经济，提高生态效率，实行生态补偿机制，大力发展环保产业[35]。

何爱平和任保平的《人口、资源与环境经济学》一书全面梳理了经济学历史中关于资源环境经济的思想，系统阐述了人口、资源与环境经济学的研究内容，并将人口、资源、环境、灾害等问题纳入可持续发展的框架中，分析人口、资源、环境与经济社会的协调发展。作者运用了直接市场评价法、揭示偏好法、陈述偏好法三种方法构建了环境价值的经济评价体系[36]，为本研究在选择海域资源配置评价指标时提供了一些参考。

于大江主编的《近海资源保护与可持续利用》指出，开发利用海洋资源，保护海洋生态环境，实现可持续发展是当代人类面临的双重历史使命，近海资源开发既涉及陆地也涉及海洋，在研究和解决海洋资源可持续利用问题上应突出陆海一体化原则[37]。

宋云霞等在《中国海洋经济发展战略初探》中，提出了全方位、高效益、可持续开发利用海洋资源战略[38]。

贺义雄在《我国海洋资源资产产权及其管理研究》中，探讨了海洋资源的分类与特性，分析了海洋资源与海洋资源资产的关系、海洋资源资产产权内涵和构成等，对我国海洋资源资产产权管理体系和体制进行了设计和构建，作者认为我国海洋资源资产产权管理监督体系主要包括两个部分：一是内部监督体系，主要职能是确认监督主体、界定监督职能、落实监督责任；二是外部监督体系[39]。

（2）资源、环境、经济三者关系论述方面

朱坚真在其著作《海洋资源经济学》中认为海域资源配置的效益目标是实现效益最大化，是追求海域资源的经济效益、社会效益、生态效益等综合效益[40]。

曲福田在主编的《资源与环境经济学》（第2版）中，从资源与环境经济学领域的效率、最优、可持续三个主题出发构建了一个分析框架体系。在此框架下，介绍了资源最优利用、环境保护以及实现可持续发展的基本理念，阐述了资源与环境问题分析的基本理论和原理，诸如效率、市场失灵以及外部性等。针对不同类型的资源利用与环境问题提出了具体的分析管理办法，如可再生资源、不可再生资源、共享资源、生物多样性等，同时也提出了环境管理的政策目标和手段[41]。

王军主编、杨雪峰等副主编的《资源与环境经济学》对传统经济学的基本假设前提进行了修正，编者将资源与环境要素作为稀缺的生产要素进入到生产函数里，并把资源、环境纳入经济系统中，成为人口、资源与环境、经济与社会整体系统的组成部分，同时编者以生态经济学和可持续发展观为基础，以资源与环境经济学基本问题为出发点展开讨论，突出以经济学基本理论和方法来进行资源与环境经济系统的配置分析和发展模式构建。编者还认为资源配置以解决资源稀缺性为前提，具体有资源要素的配置、空间结构的配置等[42]。笔者在写作过程中，对上述著作中关于资源配置的一些观点进行了参考。

朱晓东、李杨帆、吴小根、邹欣庆和王爱军在合著《海洋资源概论》中对海洋资源的概念、分布和特征，海洋资源的分类和评价，以及海洋资源开发和管理等问题进行了阐述[43]，书中提出的海洋资源评价内容对海域资源配置评价机制有一定的参考意义。

（3）产业经济学理论方面

何广顺在其专著《海洋经济统计方法与实践》中，全面回顾了海洋经济统计的发展历程，详细介绍了海洋经济统计工作中使用的相关标准、技术方法和业务流程，总结归纳了实际工作中完成的三项海洋经济统计专项调查成果[44]。通过海洋经济统计工作，可以为全面总结我国海域资源配置规律提供信息、技术基础，该著作中的若干观点，如关于海洋产业的分类和发展历程为本研究所借鉴，同时，本研究在选择海域资源配置评价指标时，也着重参考了该著作中有关海洋经济统计方面的指标。

陈可文在《中国海洋经济学》中对海洋经济学的形成与发展、海洋生产力、海洋生产关系和海洋经济活动、海洋产业经济、海洋区域经济和海洋可持续发展经济进行了论述[45]，笔者借鉴了其关于可持续发展理论的观点和我国海洋产业结构的理论。

叶向东在《现代海洋经济理论》中以海洋经济的发展为主线，介绍了我国海洋经济、海洋区域经济和海洋产业，包括海洋渔业、海洋交通运输业、滨海旅游业、滨海工业等的基本情况，并提出了建设海洋强国的战略选择和海洋经济可持续发展的建议[46]。

朱坚真、吴壮在《海洋产业经济学导论》中对国内外海洋产业结构演进及其规律进行了详细论述，对我国海洋第一、第二、第三产业的内涵、特征、作用以及发展进行了详细说明，作者从推动我国海洋经济与社会持续、协调、快速发展角度，提出要加强传统海洋产业改造，优化海洋产业布局，开展海洋产业管理机制转换和建立现代企业制度[47]。

徐质斌在《中国海洋经济发展战略研究》中运用海洋学、经济学、战略学等基本学科的理论与方法，以面临的国际环境和中国国情分析为立足点，论述了海洋、海洋经济和海洋经济战略的内涵和外延，阐述了中国海洋经济战略体系和总体战略、海洋产业发展战略、海洋区域经济发展战略、海洋经济绿色发展战略，并提出了中国海洋经济发展的战略措施[48]。本研究在探讨海域资源配置的经济学依据中参考了徐质斌在区域经济、产业经济发展方面的一些观点。

李占国、孙久文在《我国产业区域转移滞缓的空间经济学解释及其加速途径研究》中认为，按照传统的产业梯度转移理论以及要素价格上升及发展空间缩小，传统产业在我国东部地区已逐渐失去发展优势，需要向中西部地区进行产业跨区域转移，而中西部大多数地区也把积极承接东部地区的产业转移作为本区域发展的战略之一，但是这种大规模的产业区域转移现象尚未出现，其原因在于企业的向心力明显大于离心力而产生的极化效应以及产业聚集的"锁定"效应[49]。

（4）市场配置或者行政配置方式方面

沈满洪在其专著《资源与环境经济学》中，认为资源配置基础理论是资源与环境经济学的基石，并从市场机制和政府干预两大资源配置手段入手，分析各自在资源配置上的成败，按照市场机制及其优越性、市场失灵及其根源、政府干预及其有效领域、政府失灵及其防范这一内在逻辑展开，有助于理解资源和环境配置的理论基础。该专著还重点介绍了外部效应理论及公共产品理论，对于解决自然环境外部经济型问题提供了可供选择的思路和框架[50]。

王云中等著作《马克思市场经济资源配置理论研究》从市场经济资源配置的视角，对马克思经济学中的相关理论进行深化研究、整合研究、拓展研究以及与西方经济学的相关理论和模型的比较研究，提出若干有关马克思市场经济资源配置问题的创新性的理解、观点和建立起相关模型。王云中等纠正了研究资源配置问题是西方经济学的专利这一观点，既根据马克思的理论，又拓展了马克思的理论。例如，把马克思的剩余价值生产理论、资本积累理论、资本有机构成和经济周期理论等结合起来，阐述马克思的就业理论[51]。该书中的观点对本研究有一定的借鉴作用。因为马克思政治经济学是海域资源配置经济学的基础，马克思主义经济学理论对资源配置具有重要的指导作用。

周晓唯在《资源市场化配置的法学分析》中运用法学原理，把经济与法律结合起来，研究和分析法律制度在国内和国际两个市场的资源配置活动中的作用，认为经济权利主体的活动决定着资源配置活动是否有效，资源配置要想达到最优，必须有经济主体追求利益最大化的补救制度，当然这种竞争是需要在一个公平、公开、公正的环境中进行，因此，法律制度成为经济主体进行资源市场化配置的根本制度[52]。周晓唯的观点对本研究非常重要，因为本研究认为海域使用管理法律制度对海域资源配置具有十分重要的规范作用。

韩立民和陈艳在《共有财产资源的产权特点与海域资源产权制度的构建》中，在追溯西方著名经济学者庇古、科斯和哈丁有关新制度经济学的产权理论后，认为我国海域资源属于共有财产资源，不仅具有自身产权特征和利用行为，而且也有自身的产权初始配置模式，要明确界定海域资源产权，实现海域所有权和海域使用权的有效分离，要建立海域使用权的流转机制，促进海域资源产权市场的形成[53]。

赵可在《浅析两种资源配置方式相结合的历史必然性》中，认为计划经济和市场经济作为两种主要的资源配置方式，各国经济运行的实践表明，将两种资源配置方式相结合，实行混合经济模式，是实现资源优化配置的最有效的方式[54]。

（5）评价体系、评价指标、评价方法等方面

李如忠、金菊良、钱家忠和汪家权在《基于指标体系的区域水资源合理配置初探》中，设计了一个反映区域水资源和社会经济系统状况的多层次评价指标体系，建立了水资源合理配置的 GEM – AHP 计算模型[55]。

崔木花和侯永轶在《区域海洋经济发展综合评价体系构建初探》中将区域海洋经济发展综合评价体系分为经济评价系统、预测系统和预警系统，并基于持续性原则、生态原则等，建立了海洋经济评价体系，采用了层次分析法来确定各指标的权重[56]。

刘明在《区域海洋经济发展能力评价指标体系构建研究》中，以可持续发展理论为指导，构建了海洋经济可持续发展能力的评价指标体系，采用了三标度层次分析法，最终评定社会、海洋经济、海洋资源与环境、智力支持权重数分别为 0.137、0.256、0.478、0.128[57]。

石绥祥、雷波在其主编的《中国数字海洋——理论与实践》中提出，未来几十年，世界性、大规模开发利用海洋将成为国际竞争的主要内容，海洋已经成为世界经济新的增长点，在海洋信息化时代，资源配置工作已经摆脱了过去依靠纸介质开展的年代，现在的资源配置工作更加依赖于以数据获取、处理、质量控制、信息提取、管理和可视化等为基础的信息化管理[58]。

1.2.1.3　对土地、水、卫生、人力等相关行业资源配置研究

目前，一些学者对土地、水、卫生、人力等相关行业的资源配置问题进行了研究，并有针对性地提出了一些理论、模型和观点，为我国开展海域资源配置研究提供了重要借鉴。同时，由于海域资源配置作为海域使用

管理的重要研究课题之一，也已经进入官方视野，土地等相关行业资源配置方面的研究著作和论文还可以为海洋行政主管部门开展海域资源配置工作提供有益的参考。由于本研究的重点是在海域资源配置方法上，通过了解相关行业配置情况，对于完善资源配置评价指标有较大借鉴意义。

（1）土地资源配置的理论与方法研究方面

王德成在《浅谈土地资源的优化配置内涵与配置方法》中，针对土地资源经济供给的稀缺性以及土地利用过程中的不合理性，坚持整体性与协调性相结合原则、经济效益原则、继承性原则、持续性原则、宏观与微观相结合的资源配置原则，以促进土地资源优化配置[59]。

刘喜广、王福强和王迎宾在《土地资源可持续利用的影响因素及对策》中提出了土地资源的区位特征、土地的物质构成和结构、土地的地貌等自然因素，人口状况、土地制度等社会因素，税收政策、土地价格等经济因素以及土地利用技术为土地资源可持续利用带来的影响[60]。

林奕田在《土地资源配置市场化机制研究》中介绍了土地资源市场化配置含义、机制及历史背景，认为土地市场机制正常运作需具备五个基本条件，具体包括：良好的市场经济外部环境、明晰的土地产权、完善的土地法律法规、发达的土地金融和优质的市场中介服务。林奕田还认为土地资源配置应该市场化取向，其土地资源配置市场化实质性措施有：转变政府职能、设计国有土地产权实现形式的路径、建立交易平台等[61]。

刘伟在《我国城市土地资源配置机制研究》中系统分析了我国城市化过程中的土地资源配置机制问题，作者从效率与公平的关系出发，以城市经济学、公共管理学和土地经济学等作为主要理论依据，认为土地资源配置包括宏观和微观问题，包括经济效益、社会效益和环境效益等问题，资源配置需要处理并解决这些问题。作者提出的城市土地资源的优化配置措施有：转变政府职能、坚持市场在土地资源配置中的基础作用、明晰土地资源产权关系、建立健全法规体系、建立中介服务体系等[62]。

陈健的《中国土地使用权制度》在研究土地及其土地使用权之后，认为当前农村土地使用权的集体所有与行政管理模式，难以应对权利化日益显著的市场经济社会，因此，多元主体自主决策，通过市场配置土地资源的经济体制必将替代政府一元主体自主决策、通过行政配置土地资源的经济体制[63]。

褚中志在《中国土地资源配置的市场化改革问题研究》中认为，在配置土地中用途无限但供给有限的资源时，单纯依靠市场机制是有局限性的，要达到中国土地资源优化，必须进行市场化改革[64]。

刘伟锋和谭冰在《我国城市土地利用效率分析》中提出要优化公共选择机制和发挥市场机制两个层面构建城市土地高效利用机制[65]。

黄石松在《土地招拍挂中的问题与对策》中专门针对当前土地"招拍挂"中的"价高者得"的游戏规则进行了批评。他引用了美国关于土地"招拍挂"的规则，在美国，土地以"招拍挂"为主，但不是以价格为主导，而是要充分考虑竞标者的规划意图以及对城市建设的贡献。因此黄石松建议改"价高者得"机制为综合评标机制[66]，黄石松的建议对本研究启发较大，本研究之所以构建综合评价体系，就是将最终综合指数作为审批海域使用权的参考依据。

刘颖秋编著的《土地资源与可持续发展》中，认为土地资源应该与人类社会文明发展相协调，走可持续发展的道路[67]。

（2）水资源配置研究方面

由于水是基础性的自然资源和战略性的经济资源，是经济社会可持续发展的重要支撑和保障，我国在水资源管理制度建设方面有很长一段时间相对滞后，过分倚重政府行政干预作用，市场在水资源配置中的基础性作用薄弱，政府失灵和市场失灵现象并存，这种局面与海域资源配置现状比较相似。1998年，水利部开始了治水新思路的探索和治水模式转变的实践，系统提出了水权、水市场理论框架。1999年年底，由科技部资助，清华大学 21 世纪发展研究院和中国科学院—清华大学国情研究中心组成联合课题组，以黄河为背景，从自然科学和社会科学两个方面，对转型期我国的水资源配置问题进行了前瞻性的研究，并发表了代表性论文《转型期中国水资源配置机制研究》。在文中，研究者提出，全球水管理的走向是引入经济手段管理水资源，这是全球应对水资源稀缺的必然结果。水市场发挥作用的前提条件有五个：一是市场中有可定义的产品来交易；二是水需求要大于供给；三是水权供给具有流动性，能够在需要的时间到达需要的地点；四是购买者的权利要有保障；五是水权体系要能够调解冲突。因此，该课题组要求对当前水资源配置从三个方面进行改革：一是宏观层面上，要强化流域统一管理，加强政府宏观调控的力度；二是中观层面上，要进一步界定流域水权为区域水权，地方政府作为水权代表，在流域上下游形成水权市场；三是微观层面上，要积极倡导用水户的广泛参与，实现农业基层用水的自治管理[68]。

王济干在《区域水资源配置及水资源系统的和谐性研究》中，运用系统分析的理论和方法，针对水资源配置的动态性特点，从水资源配置系统的自组织性、自适应性和功能效果三个方面分析入手，为便于对水资源配置系统实施预测、控制，建立了水资源配置系统的和谐预警模型[69]。

彭祥和胡和平在著作《水资源配置博弈论》中把流域初始水权分配作为主要研究目标，从水资源配置过程中的冲突与合作问题入手，利用自然科学和社会科学相结合的研究方法，引入博弈论和相应的制度分析手段，构建了一种新的水资源配置理论体系。作者将博弈论引入水资源配置，强调水资源配置的均衡性，并构筑了理论模型来判断哪种制度是现行流域用水主体能够自主接受的有效制度[70]。

在刘长顺、刘昌明、杨红所著的《流域水资源合理配置与管理研究》中认为水资源配置有三种类型：一是行政（政府）配置；二是用户参与协商配置；三是水市场配置。作者在全面总结流域水资源合理配置理论的基础上，系统分析了流域水资源合理配置目标、用户、决策层次和决策网络，提出了流域水资源配置评价的方法，建立了流域水资源配置模型[71]。

张泽中、李振全、乔祥利在《水资源配置体系理论探讨》一书中认为水资源配置过程更加复杂，不仅存在水资源优化配置、水资源合理配置，而且必须实施水资源公平配置；同时，需要健全法律法规、完善管理，把水权、水质水量配置有机地结合，水资源公平配置、合理配置和优化配置是不可分割的有机的水资源配置体系，是水资源可持续利用的基础保障[72]。

（3）卫生资源配置研究方面

石光在著作《中国卫生资源配置的制度经济学研究》一书中，针对目前存在的"看病难、看病贵"问题，从国内和国外卫生资源配置的理论和实践出发，探讨了当前卫生资源配置中存在的制度障碍，如，伦理价值观、社会经济环境、政府治理和相关政策的制定和执行等；总结了资源配置的伦理原则，分析了市场经济国家计划配置资源的政策和特点，以美国和英国为案例分析了用计划和市场两种手段配置卫生资源的制度特性和依据；运用制度经济学的理论，提出了对医疗服务这类专业服务的配置，最适宜的方法是运用"限额交易"的手段进行，认为这是克服医疗服务的计划失灵和市场失灵的有效途径[73]。

张鹭鹭在《卫生资源配置机制研究的现状与发展》中分析了近年来我国卫生资源配置机制研究的现状与趋势，回顾了基于多目标投入产出复杂科学方法的卫生资源配置机制、方法以及标准研究的动向，阐述了构建包括外生性资源与内生性资源的卫生资源配置理论体系[74]。

（4）人力资源配置研究方面

秦江萍、张文斌的《中国人力资源配置机制的思考》指出，人力资源配置机制与社会经济的增长有重要关系，我国现行人力资源配置机制存在的问题有：人力资源市场供给主体和需求主体脱节，人力资源市场供需矛盾突出，人力资源市场地域和条块分割严重等。因此，改革与完善中国人力资源配置机制要采取的措施包括：构建人力资源市场供给机制、改革人力资源需求机制、减少人力资源供需矛盾等[75]。

唐志敏在《市场经济条件下人才资源配置机制问题研究》中提出，人才市场是通过市场机制来发挥作用的，政府通过对人才资源配置实施总体性管理，影响人才资源配置起主要作用的因素包括人才的价值与价格、供给与需求、市场竞争等。因此，政府在发挥宏观调控的同时，还要积极转变职能，要加快培育和发展人才市场，在人力资源配置中要以市场为导向，逐步发挥市场机制的基础性作用[76]。

（5）科技资源配置研究方面

刘玲利在《科技资源配置机制研究——基于微观行为主体视角》中提出，科技资源三大配置主体包括企业、高校和科研机构，承担着分配科技资源、从事科学知识和技术知识生产活动的作用，科技资源配置是构建和谐社会、践行科学发展观、促进国民经济又好又快发展的基础和关键环节，因此三大配置主体必须发挥协同作用，以提高科技资源配置效率。认为在企业科技资源配置机制方面，企业要注意科技财力资源和物力资源的积累，通过与高校、科研机构开展合作、进行责任约束互动，研究出适用性、有用性的科研成果，提高科技成果转化率；在高校科技资源配置机制方面，高校有科研设备、科研基地等方面的优势，但也有科研经费依靠政府和企业的劣势，高校应强化其优势，利用丰富的科技信息资源，全面联合企业，理顺与企业的关系；在科研机构科技资源配置机制方面，科研机构作为开展科研活动的载体和组织管理形式，要保持与企业的联系、交流，开展信息交流互动，开展科技成果转化，以促进社会生产力的发展[77]。可见，作者主要是以微观行为主体为视角来研究科技资源配置机制。

（6）金融资源配置研究方面

刘超在《中国农村金融资源配置机制及其效率研究》中提出，金融资源配置的基本内容包括配置主体、配置客体、配置方式和配置途径等。在中国农村金融资源配置过程中，不同的配置主体在金融需求水平、金融需求结构上的配置职能上存在着一定的差别。因此，作者建议要引导、规范和发展民间金融，完成监管制度从机构监管到功能监管的转型，为保障金融资源配置能有效满足金融需求，要尽快建立稳定、高效、规范的财政支农管理体系和政策性农业保险组织体系等[78]。

（7）高校图书馆资源配置研究方面

潘光情在《高校图书馆资源配置机制问题探讨》一文中认为图书馆资源配置可分为政府配置、市场机制配置、道德力量配置三种方式。市场机制对高校及其图书馆具有基础配置作用。但在转型发展期，市场机制的不完善性、市场信息的不充分性、高等学校缺乏足够的办学自主权以及各个高校图书馆也缺乏相应人、财、物充分的支配权等，严重制约了市场机制基础作用的发挥。因此，必须转变政府职能，确立高校的自主权，重塑图书馆资源宏观配置的微观主体，保证高校图书馆相应的自主权，为市场机制作用的发挥创造必要的条件[79]。

1.2.1.4 在海域使用管理方面的研究

海域资源配置是海洋综合管理的重要内容，而目前国内对海域资源配置的论述主要分散于海域使用管理相关研究中，如海域使用管理制度研究、海域使用权制度研究、海域资源二级市场转让研究、海域空间资源使用研究等方面。并且，一些专著和论文对《海域使用管理法》确定的海域有偿使用、海域权属和海洋功能区划三大制度进行过论述，对海域资源配置仅在其中有少量的关注，其著作和论文中阐述的内容可为海域资源配置研究提供一定的借鉴。

（1）海洋和海岸带宏观管理方面

张宏声在其主编的《海域使用管理指南》中详细解析了我国海域使用

管理的各项制度、规定和要求。该著作对海域使用管理的概念、目标、内容、管理体制、有偿使用制度、权属制度和海洋功能区划制度进行了系统的归纳和阐述[80]。

鹿守本于 1997 年撰写的《海洋管理通论》是较早分析研究我国海洋综合管理问题的专著。该著作系统地分析了海洋工作和管理的特点，阐述了海洋管理的基本理论知识，论述了海洋权益管理、海洋资源管理、海洋环境管理、海洋自然保护区管理理论与实践[81]，涉及我国海洋工作的各个领域。书中的一些观点和理论，尤其是在海洋资源管理方面的理论被本研究所采纳。

李国庆在其主编的《中国海洋综合管理研究》一书中，要求通过制定海洋政策、颁布海洋法规、加强海洋调查、完善信息网络、深化海洋功能区划、编制海域开发规划、加强宣传教育、强化海洋执法、建立海洋综合管理体制等海洋综合管理的手段，达到维护国家权益，促进海洋经济发展，确保海洋生物资源的持续利用和保护海洋生态环境等海洋综合管理的根本目的[82]。

杨金森和刘容子在著作《海岸带管理指南——基本概念、分析方法、规划模式》中全面研究了我国的海岸带问题，包括海岸带综合管理的基本概念、管理规划编制模式，国外海岸带管理的基本经验以及海域使用管理技术和方法等。书中确定的海域价格评估方法为构建我国海域资源配置提供了借鉴[83]。

王曙光在其主编的《海洋开发战略研究》中对"实施海洋开发"的战略意义及其与全面建设小康社会的内在关系进行了深刻的论述，认为实施海洋开发是实现祖国和平统一的客观需要，是维护国家权益的重要举措，是解放和发展生产力的重要举措，是促进海洋经济快速发展的根本保证，是推动社会经济可持续发展的必由之路等[84]。

王曙光在《论中国海洋管理》一书中从战略研究、理论与实践、媒体访谈、地方工作 4 个层面对海洋管理进行了阐述，作者在对海洋问题研究的基础上提出来的独特思考对海洋综合管理的发展将起到重要作用[85]。

管华诗和王曙光主编的《海洋管理概论》中对海洋管理的概念、对象、任务、基本目标、原则和手段进行了阐述，分章对海洋立法、海洋政策、海洋功能区划、海洋经济管理、海洋环境管理、海洋科技及其产业化管理、海洋权益管理、海洋人力资源管理、海洋执法管理系统进行了论述[86]。

鹿守本和艾万铸在《海岸带综合管理——体制和运行机制研究》中对海岸带综合管理的内涵、形成和发展、管理范围、目标和任务、内容和形式、管理原则进行了详细论证，对国外的海岸带综合管理体制和运行机制进行了深入研究，尤其是对我国海岸带管理体制和运行机制进行了专题论述[87]。本研究在探讨我国海域资源配置的发展历程中充分借鉴了该书的一些理论成果。

徐质斌在其专著《海洋国土论》中，针对海洋国土的特殊性，多角度地提出中国海洋国土的开发、整治、管理和防卫等对策，初步构建了海洋国土学的学科体系，并从海洋国土开发战略、中国海洋产业结构升级、中国海洋区域经济布局优化三个方面论述了海洋国土的经济开发[88]。

王琪等编著的《海洋管理从理念到制度》重点选取海洋管理政策和海洋管理体制作为论证内容，对海洋管理政策体系及其优化机制、海洋管理体制及其改革等问题进行了深入分析。作者采用矛盾论的思路，对当前我国海洋综合管理中的矛盾进行了认真分析，认为海洋管理中面临的基本矛盾是海洋实践活动中人口与资源、环境之间的矛盾和人类经济活动与海洋的矛盾；海洋管理中的特殊矛盾是我国与相关涉海国家之间的矛盾、涉海各行业间的矛盾、中央和地方的矛盾、海洋综合管理部门与行业管理部门的矛盾以及海洋管理部门与涉海企业的矛盾[89]。因此，海域资源配置中存在的问题是集基本矛盾和特殊矛盾于一体的，应该采取综合性方法予以解决。

李百齐在《蓝色国土的管理制度》一书中对我国的海洋管理制度和海洋资源管理进行了论述，并阐述了我国海洋管理的概念、内容、手段以及海洋综合管理的历史趋势，针对我国海洋管理的现状、机遇、挑战提出了相应对策[90]。李百齐关于我国海洋管理的发展历程为本研究在论述资源配置的发展史方面提供了有益借鉴。

（2）海洋功能区划、海域权属、海域有偿使用以及海洋执法等方面

张宏声在《全国海洋观念区划概要》中，对我国海洋的基本概况、我国海域开发利用与保护状况进行了分析[91]，该书属我国首部专题论述海域使用管理法确定的三大制度之一——功能区划制度的著作，对于开展海域资源配置工作具有重要指导意义。

于青松、齐连明的《海域评估理论研究》是国内首部系统论述海域价值评估理论的著作，该书对海域评估的基本任务、理论基础、影响评估的因素进行了系统论述，对完善海域价格体系提出了科学性建议。作者还提出了宗海价格评估的方法和基本程序[92]。海域评估制度是海域资源配置的重要技术依据，特别是在当前市场经济条件下，海域资源必须通过价格来体现其价值，因此必须运用科学的评估理论和方法，以确保公正、公平地体现海域资源价值。本研究在论述我国海域资源配置中存在的问题以及最终的建议上充分借鉴了该著作的一些观点。

张宏声编著的《海洋行政执法必读》对我国海洋管理法律制度进行了详细论述，对我国海洋管理法律制度的内容和特点进行了归纳。客观上讲，海洋立法的过程也是海洋综合管理不断完善的过程，在这个过程中，海域资源配置也得以健全[93]，因此，对海域资源配置有很重要的指导意义。

张惠荣编著的《海域使用权属管理与执法对策》对海域使用权的内涵与特征、海域使用权对民法物权制度的贡献、海域物权理论的深化等进行

了深入阐述，对海域使用权属管理制度、海域物权与土地物权的转换、海域使用权流转等相关问题进行了系统分析[94]。作者紧密结合新出台的《物权法》和海域使用管理的基本实践，提出了海域使用管理和执法制度构建。本研究在海域使用权的一级市场和二级市场时借鉴了张惠荣关于海域使用权流转的一些理念。

林宁等在编著的《我国近海海洋功能区基本状况评价报告》中，针对海域使用强度大、海洋环境较为脆弱的重点区域，开展了重点海域海洋功能区划评价研究，解决了长期以来该类海域海洋功能区划现状不清、海洋功能区划执行情况不明的状况，通过对该类重点海域功能区划进行评估，为修订和优化海洋功能区划提供有效的依据和基础，作者结合国家海洋信息中心已有的信息资料基础以及"908专项"调查资料，对我国近海海洋功能区划现实状况、评价结果进行集成和评价，并提出了全国海洋功能区划优化方案和调整的建议[95]，为本研究提供了有益借鉴。本研究在进行海域资源配置时，确认的首要前提就是海域已经确定了用海功能。

高艳在编著的《海洋综合管理的经济学基础研究》中，基于国内外海洋管理理论研究及实践，立足于生态经济学和可持续发展经济理论当前已有的基本框架体系，结合我国的海洋资源特点、海洋生态系统管理的理念和海洋管理发展状况，在对其他国家海洋体制比较分析之后，以产权经济学理论为前提和基础，探索建立科学系统的综合管理体制的理论体系。书中对我国海洋工作面临的新问题进行了探讨，对我国海洋综合管理的理论依据及理论体系进行了构架，认为可持续发展理论是指导原则，海洋生态经济理论是理论依托，循环经济理论是发展导向，产权经济学是前提条件，战略产业论是实践依据，模块化管理理论是模式选择，体制竞争理论是根本宗旨[96]。

关于海洋管理方面的论著比较丰富，这些论著的侧重点主要是海域使用管理的某一领域，对海域资源配置系统性研究方面不足，但这些论著对本研究在构筑海域资源配置总体框架时有一定的启发，一些作者的观点得到了笔者的认同。并在写作过程中，充分借鉴了有关论点。如，张志华的《完善海域管理法律法规，提高依法行政能力》一文中，认为《海域使用管理法》的出台是我国海域使用管理法制化的基本标志，相关配套法规体系的建立是海域使用管理规范化的基本标志，技术支撑体系的建立是海域使用管理科学化的基本标志，作者从国家和地方两个层次论述我国海域使用管理法律法规体系已经形成，同时针对国家法治政府建设对我国依法管海提出的新要求，提出了"加强立法、完善体系、提高制度建设质量"和"规范管理、严格执法、维护海域使用秩序的建议"[97]。

张志华在《关于建立海域评估制度的几点思考》一文中提出了海域评估制度是满足海域使用权流转的市场化需要的客观要求。自《海域使用管理法》实施以来，虽然国家海洋局组织开展了海域评估制度研究和试点工作，但也存在着由于海域评估缺乏相应的制度规范，部分评估机构在不具备相关专业知识和经验、缺乏相应的技术装备的情况下，盲目开展海域评估，导致评估质量难以保证的问题，因此建议国家有必要出台相应的行政法规，重点规范需要进行海域评估的情形、海域评估结果的法律效力、海域评估行业的管理体制等内容，同时作者还建议海域评估所需的方法、技术指标应区别于土地评估或其他资产评估，要制定专门的海域评估技术规程[98]。由于张志华身处海洋行政管理的工作前线，且国家海域使用管理的许多顶层法律制度设计出自其手，具有相当丰富的理论知识和实践经验，因而该文代表的观点具有一定的权威性和可靠性。笔者在探讨构建海域资源配置法律制度时充分借鉴了他的一些观点。

汪磊和黄硕琳在《海域使用权一级市场流转方式比较研究》中对海域使用权一级市场中的主要流转方式进行了比较分析，得出市场化流转方式的优越性，最终得出结论：海域使用权招标、拍卖以及挂牌出让是以市场机制配置国有海域资源的重要方式，是海域使用管理制度顺应市场经济发展需要的突出表现[99]。

周承在《海域配置市场化：实践、问题与对策》中提出，海域配置市场化是以市场为基础对海域资源进行相关出让、出租等的支配行为，是提升海域使用价值、预防腐败的有效手段，但是市场化有利也有弊[100]。

刘升在《论我国海域使用权抵押》中论述了海域使用权抵押的概念、法律特征、客体范围、实现途径和效力范围等内容[101]。

巩固在《海域使用权制度的环境经济学分析》一文中认为环境问题是"人祸"，是不尽合理的某些社会制度下全体社会成员共同作用的结果，作者从外部性与科斯定理、公地悲剧等经济理论角度对环境污染产生的经济根源进行了探讨[102]。

白福臣和贾宝林的《近年国内海洋资源可持续利用研究评述》认为我国海洋资源的研究经历了三个阶段，其中 1978—1990 年为研究开创期；1991—2000 年为发展期；2001 年至今为充实完善期。作者对 2011 年国内海洋资源可持续利用的研究进行了梳理，得出理论研究蓬勃开展、实证研究也有进展、海洋资源管理和政策方面成就斐然的观点，并要求要开展微观层面的研究[103]。

陈斯婷和耿安朝在《海洋环境影响评价技术研究初探》中，根据海洋水文动力、水质、生物与生态等环境要素的不同，确定各自的敏感区类型，根据建设项目的特点、规模以及工程所在海域的环境敏感程度，探讨了海洋环境影响评价工作等级的确定方法[104]。

孙吉亭、孟庆在《山东海洋经济发展的前瞻与对策》一文中，采用了层次分析法，构建了海洋经济发展预测的指标体系，计算出山东海洋经济发展的综合指标[105]。

王琪、李文超在《我国海洋区域管理中存在的不协调问题及其对策研究》中认为，海洋区域管理要协调各涉海行业间的关系、海洋区域管理部门与涉海行业的关系、管理部门各层级间的关系，以及管理部门与企业、公众的关系等，作者针对目前我国海洋区域管理中在政策法规、管理体制、用海者利益等方面存在的不协调问题，分析其存在的原因，并从政策制定、执法保障、制度建设、技术创新等方面寻求解决问题的对策[106]。

张明慧等在《围填海的海洋环境影响国内外研究进展》中以系统收集国内外围填海的海洋环境影响研究报道成果为基础，深入分析了国内外围填海对滨海地形地貌、湿地景观的影响，围填海对滨海湿地退化与生态功能的影响，围填海对近岸海域水动力环境的影响，围填海对近岸海洋生态系统结构与功能的影响，围填海对海洋渔业资源衰退的影响5个方面的研究进展及其存在的主要问题，并提出要加强对集中连片围填海区域的长期累积效应研究，加强围填海对海洋生态环境结构功能影响过程及机理研究，加强多学科交叉在围填海海洋环境影响方面的综合研究等建议[107]。

吕彩霞在《论我国海域使用管理及其法律制度》中全面论述了海域使用管理的概念、任务、重要性和国外概况，对海域使用管理和海域使用管理法律制度进行了梳理和总结，就海域使用管理制度的继续开拓与发展提出了建议和措施[108]。

杨辉在《海域使用论证的理论与实践研究》中全面分析了我国海域使用论证制度，并提出了提高海洋管理部门的行政级别及完善法律法规制度等对策和措施[109]。

1.2.2　国外相关研究综述

海域资源配置涉及海洋资源与环境、经济与发展之间的关系，很多学者曾一度认为资源配置是西方经济学研究的特权，可见西方古典经济学以及新古典经济学对资源配置的影响程度。而且，国外一些关于环境经济的思想、生态系统的平衡理论、资源稀缺性理论等也为海域资源配置方法研究提供了理论基础，但是国外目前尚未有专门论述海域资源配置方法的专著或者论文，对海域资源配置的研究主要分散体现在对海洋综合管理的基本方法和理论中。

1.2.2.1　对资源的内涵和外延方面

早期经典著作中资源包括自然资源和社会资源。经济学较早对资源作出论述的是英国资产阶级古典政治经济的创始人威廉·配第[110]。配第只对资源的概念进行了间接阐述，并提出了"土地为财富之母，而劳动则为财富之父和能动的要素"的观点[111]。他还认为，劳动和土地构成了社会生产不可缺少的两个条件，人力和自然力的结合创造了财富[112]。

此后，马克思和恩格斯对资源作出了更为深入的解释。马克思在阐述资本主义剩余价值的来源时，认为财富构成的基本原始要素有两个，即劳动力和土地[113]。恩格斯进一步指出劳动和自然界组合在一起才是一切财富的源泉。劳动促使猿转变到人，在这个转变过程中，劳动把自然界所提供的材料变为财富[114]。虽然马克思、恩格斯并没有专门给资源下定义，但马克思阐述的财富的构成要素"劳动力和土地"，以及恩格斯进一步提出的构成财富源泉的"劳动和自然界组合在一起"，实际上是对资源做出的科学解释[115]。这里的劳动广义上就是指人为因素，包含可统称为社会资源的社会、经济、技术因素，再加上自然界提供人类利用的一切自然资源，就形成了资源的全部内容。

现代经济学将资源的研究重点放在自然资源上。一般经济学主要的研究对象是资源在整个社会里的不同方面、不同时期得以最优配置的可能性和手段[116]，一般经济学常把资源称为经济资源，并且一切产品都是由各种生产资源配合生成的，这些生产要素包括土地、劳动力、生产资料（种子、化肥、饲料、机械）等。一般经济学认为资源包括自然资源和社会资源两部分，前者包括土地资源、水资源、矿产资源、生物资源、气候资源等，后者包括人力资源、信息资源、技术资源、管理资源等[117]。然而随着资源与环境经济学体系的不断完善，尤其是资源、人口和环境的关系不断紧密，资源的概念进一步得到延伸，现代经济学的资源逐步放在自然资源方面[118]。在资源的定义方面上，国外学者大部分借鉴美国著名资源经济学家阿兰·兰德尔关于资源的解释，阿兰·兰德尔认为资源是"由人发现的有用途和有价值的物质。自然状态的未加工过的资源可被输入生产过程，变成有价值的物质，或者也可以直接进入消费过程产生价值"。随后，Alan Randall 在著作《资源经济学》中，将资源认定为是在自然状态中有用途和有价值的物质[119]。1972 年，联合国环境规划署（UNEP）对资源具体解释了资源："在一定时间、地点的条件下能够产生经济价值，以提高人类当前和未来福利的自然环境因素及条件"[120]，以及"在一定时间条件下，能够产生经济价值以提高人类当前和未来福利的自然环境因素的综合"。目前对自然资源比较有代表性的定义是 1972 年联合国环境规划署的解释[121]。此外，资源与环境经济学对资源的理解则着重强调三个方面：第一，资源具有时代性，以前没有价值的物质可能会因信息、技术的提高而变成资源；第二，资源具有可用性，资源需具有用途并产生价值；第三，资源具有原始性和自然性，经人类运用资源、资本、技术和劳动结合起来生产出的物质不能称之为资源，尽管这些物质具备资源的某种特征，或者含有资源的某种成分。

1.2.2.2　资源配置的理论方面

（1）古典经济学中的资源环境经济思想方面

主要有亚当·斯密的《国富论》、大卫·李嘉图的《政治经济学及赋税原理》、托马斯·罗伯特·马尔萨斯的《人口原理》以及约翰·穆勒的《政治经济学原理》，研究的重心是资源稀缺程度对经济增长的影响。

亚当·斯密系统地研究了国民财富增长的理论，认为国民财富的增长与人口的增长相互促进，但人口与生存资源要成比例[122]。

李嘉图论证了自然资源的相对稀缺问题，认为自然资源不存在绝对稀缺。马尔萨斯则认为自然资源存在绝对稀缺，并竭力主张人口生产要服从于自然环境和资源的生产[123]。

约翰·穆勒在其著作《政治经济学原理》（上册）中对单纯追求经济增长的观点提出了批评，呼吁社会要重视经济利益的分配和人口的控制，他认为生产的增加会面临资本和土地不足的困难，他反对无休止地开发自然资源，并从哲学伦理的角度提出了"静态经济"的思想。"静态经济"实际上是要将自然环境、人口和环境保持在一个稳定水平上，同时，人们还要为子孙后代着想，维护自然生态环境，保证人类健康发展[124]。穆勒"静态思想"的理论已将人口、资源与环境、社会与发展等因素协调起来，实际上是可持续发展的雏形，因此对资源配置有重要的指导意义。

在新古典经济学后经济增长理论中的资源环境经济思想方面，主要是以马歇尔、庇古为代表。他们研究的重心已经偏离了传统的古典经济学研究，关注的重心是在资源稀缺或者资源数量一定的条件下，如何在不同的用途中配置资源，使其达到帕累托最优状态[125]。他们认为人类的能力能够克服物质环境对经济增长设定的限制，科技进步和劳动力质量的提高会形成报酬渐增的历史趋势，从而经济能够持续不断地发展。因此他们认为价格会对资源的稀缺程度作出灵敏的反应，使用稀缺资源成本的提高会促使人们技术创新及寻找替代品。

（2）产权经济理论方面

20世纪60年代之前，国外理论界对解决外部效应的看法基本是沿袭了庇古的传统[126]。庇古认为在外部性内部化过程应该引入政府干预力量，外部生产者应该缴税、外部性受害者应该受到补偿[127]。而这传统被科斯分别于1937年和1960年发表的《企业的性质》及《社会成本问题》所打破。科斯认为应该分析问题的互相性，关键是避免较严重的损害。同时，通过明晰所有权可能使外部性的行为达到最优[128]。

随后，英国学者哈丁于 1968 年提出了"公地悲剧"（The Tragedy of the Commons）理论。哈丁把自然资源滥用问题归因于共有产权，正是由于缺乏明确界定或有效实施的产权制度，市场失灵才导致了对共有资源的过度利用[129]。哈丁认为：当资源属于公共财产时，随着对资源利用的不断加剧以及激烈竞争、过度投资和资源枯竭，自然生态系统和以该系统为利用对象的经济活动都将走向崩溃。因此，要解决"公地悲剧"问题，可以采取两种方案：一种是明确界定、有效实施产权制度；另外一种是施行政府管制，建立和实施资源开发准入制度[130]。

波斯纳在《法律的经济分析》中进一步提出产权具有全面性、排他性和可转让性。同一财产，对不同的运用主体因不同的使用方式会产生不同收益，要防止"共有资源悲剧"发生，就必须建立排他的、可转让的、明确界定和有效实施的海域资源产权制度[131]。产权理论也是本研究构筑海域资源评价体系时坚持的理论依据之一。

（3）海洋生态系统构建方面

欧德姆认为应把生物与环境看作一个整体来研究，首先提出了"生态系统"一词[132]，他提出环境因素对生物的作用及生物对环境的反作用，生态系统中能量流动和物质循环的规律等。

1935 年，英国生物学家坦斯利受丹麦植物学家瓦尔命的影响，明确提出了生态系统的概念[133]，他将生态系统的概念应用于土地、海洋等各个领域，海洋生态系统也因此进入人们的视野。

1964 年，化工巨头孟山都化学公司出版了《荒凉的年代》，对环保主义者进行攻击，相反却更加引起了国际社会对生态环境的重视[134]。

（4）资源配置理论依据方面

美国经济学泰斗、诺贝尔经济学奖第一位获得者——保罗 . A. 萨缪尔森认为，经济学研究资源的稀缺性问题，在面对资源稀缺时，人类社会必须做出选择。在做出选择时，一个重要的原则就是要使行动的代价和选择后所得收益平衡，在尽可能的范围实现最优化或经济化[135]。

罗伯特.S.平狄克在与费德尔合著的《微观经济学》中认定经济学中的资源配置就是在相对稀缺的商品中进行选择[136]。

（5）资源配置的手段方面

美国经济学家保罗.A.萨缪尔森对外部效应导致市场失灵理论进行了研究，他认为外部效应是一个经济主体的行为对另一个经济主体的福利所产生的效果[137]。海洋由于具有水体的流动性和空间的立体性，很多海洋资源不可能被划分为某一部分是某人的，即具有公开获取性或共有权利的特点。外部效应可以是好的（正外部性），也可以是坏的（负外部性），政府应该采取干预。

（6）产业结构理论方面

存在产业结构演变理论和产业结构调整理论。在产品结构演变理论中，英国配第—克拉克定理认为人均收入变化引起产业结构变化，具体来说随着全社会人均国民收入水平的提高，就业人口首先由第一产业向第二产业转移，当人均国民收入水平进一步提高后，就业人口便大量向第三产业转移。随后，库兹涅茨人均收入影响论认为产业结构的变动受到人均国民收入变动的影响。霍夫曼工业化经验法则认为工业化有四个发展阶段。钱纳里工业化阶段理论认为制造业发展受到人均国民生产总值、需求规模和投资率的影响大，而受工业品和初级品输出率的影响小。

在另一个分支——产业结构调整理论中，刘易斯的二元结构转变理论认为整个经济是由弱小的现代工业部门和传统农业部门组成，当达到一定效应的时候，城市和农村的二元经济结构转变为一元经济结构，实现工、农业经济平衡发展。海洋产业是海洋开发的核心内容，国内学者和政府部门在充分吸收了西方结构理论中的合理内核后制定了有利于本国海洋实际情况的产业发展政策，应该说国外学者关于产业结构的理论对我国海洋产业结构的调整提供了一定的借鉴。

（7）环境资源价值评估方面

皮尔斯和沃福德在其著作《世界无末日——经济学·环境与可持续发展》中认为环境资源的价值不仅包括其使用价值，还包括非使用价值，存在价值是非使用价值的主要形式。他认为人们对一种环境资源即使没有使用它的意图，仅仅因为它的存在，也有一定的支付意愿，这就是存在价值[138]。本研究在探讨海域资源配置时，实际上也是基于海域的存在价值而使用可持续发展原则构建了海域资源评价体系。

此外，Richter A 和 Brandeau ML 在《关于 HIV 预防药品在使用者和非使用者之间的资源最优配置分析》（*An Analysis of Optimal Resource Allocation for HIV Prevention among Injection Drug Users and Nonusers*）中提出了卫生资源总体配置原则应该是"控制总体规模，盘活资源存量"，总体配置依据卫生资源"真实需求"、"合理利用"与"标准供给"的动态均衡。具体来说，外生性要素资源配置要按效率配置宏观结构，按技术效率配置微观比例；在内生性组合资源配置上，要按集约程度配置结构[139]。

1.2.2.3 海域使用管理研究方面

（1）海岸带综合管理研究方面

海岸带综合管理的论述首推约翰·R.克拉克的《海岸带管理手册》。该著作是世界上第一本全面论述海岸带综合管理实际问题的专著。《海岸带管理手册》全面总结了 30 多个不同类型沿海国家海岸带管理的经验和教训，提出了海岸带综合管理的原则、方针、步骤及其不同的管理体制，全面论述了不同类型沿海国家海岸带综合管理面临的挑战和实际问题，克拉克认为海岸带综合管理，就是通过广泛的综合规划，面向未来的资源分析和科学管理，为资源可持续利用、生物多样性维护、自然灾害防御、污染控制、福利改善和经济可持续发展提供依据[140]。

（2）海洋综合管理研究方面

J. M. 阿姆斯特朗和 P. C. 赖纳合著的《美国海洋问题研究》从经济学和管理学角度研究了海洋管理问题，特别是在关于海洋管理的定义上，认为海洋管理是政府能对海洋空间和海洋活动采取的一些干预行动[141]，这种观点后来被我国国内学者所采用。

在政府间海洋学委员会（IOC）的组织下，加拿大水产海洋部（DFO）、美国国家海洋与大气管理局（NOAA）及特拉华大学海洋政策中心分析研究了 98 个沿海国家自 1992 年以来开展的数百个沿海区综合管理计划的经验教训，编写了《海洋综合管理手册》（*A Handbook for Measuring the Progress and Outcomes of Integrated Coastal and Ocean Management*），针对海洋建立评估制度，提出了一系列海洋指标体系[142]。该指标体系为本研究海域资源配置评价体系建设提供了有益借鉴。

（3）海洋可持续发展理论研究方面

意大利的阿戴尔波特·瓦勒格在其著作《海洋可持续管理——地理学视角》（*Sustainable Ocean Governance——A Geographical Perspective*）中，从地理学的视角，勾勒了海洋管理综合管理的方法。瓦勒格认为海洋生态系统是海洋管理的核心[143]，实际上，瓦格勒关于地理学视角进行海洋资源开发更接近于海洋区域管理资源的理论。

（4）海洋空间规划管理研究方面

Ehler Charles 和 Fanny Douvere 在其著作《海洋空间规划》（*Marine Spatial Planning*：*A Step – by – step Approach toward Ecosystem – based Management*）中详细解释了海洋空间规划的特点、必要性、重要性，论述了海洋空间规划循序渐进的方法[144]。党的十八大从生态文明建设的战略高度，明确提出了"优化国土空间开发格局"的任务和要求[145]，海域资源开发属于其中一个重要方面，Ehler Charles 和 Fanny Douvere 提出的空间规划理念对海域资源配置也有一定的借鉴意义。

综上所述，国内外关于资源配置理论方面的著作和论文，对于笔者研究海域资源的基础理论、寻找海域资源配置方法的基本依据以及选择海域资源配置评价指标等方面提供了有益的借鉴。由于国内外关于海域资源配置的理论研究相对分散、宏观层面的研究较多、微观领域的研究较少，专题研究的深度还有待挖掘和提高，因此，构设海域资源配置方法，还需要在全面分析海域资源配置特点基础上，将土地、水、科技、金融等行业的资源配置经验与海域使用管理实践相结合，既要从国家海域资源的保值增值角度，还要从海洋生态文明建设以及海域使用权人合法权益保护等角度，多视野、多层次开展比较、归纳、分析和研究。

1.3 本章小结

本章从必要性和可行性两个层次，对海域资源配置方法研究的基本背景做了分析。海域资源配置问题本身是一个全新的课题，国内外对该方法研究方面的专著、论文少之又少，这无疑为本书的写作带来了极大的挑战。为了解决该问题，本章充分考虑了海域资源配置的外延，通过广泛阅读，对国内外与海域资源配置方法有关的专题，如可持续发展理论、产业经济学理论、资源与环境经济学理论、评价体系、评价方式以及我国土地、水、卫生、人力等相关行业的资源配置等进行了综述。本章的研究成果既是对国内外海域资源配置方法研究现状的深入把握，也为本研究的开展（如在评价指标的选取等方面）提供了一定的借鉴和参考。

2

海域资源配置的基础理论

深入研究海域资源配置的基础理论是研究海域资源配置方法的前提。海域资源配置的基本理论，包括海域资源配置的概念、特性、方式、主体、客体、目标、实质等内容。海域资源配置的方式有行政配置和市场配置两种，目标分为直接目标和最终目标，实质是稀缺资源在全社会的利益分配关系。由于海域资源配置属于海域使用管理的基本范畴，海域资源配置也直接服务于海域使用管理工作需要，因此对海域资源配置基本理论的研究脱离不了海域使用管理的大体系和大框架。

2.1 资源配置的概念和特征分析

在漫长的人类发展史中，人类对资源的需求是无限增长和扩大的，而在一定的时间与空间范围内，其资源总量却是有限的。这种资源的相对有限性与人类需求的绝对增长性间的相互作用，便导致了资源的稀缺性问题。正因为资源具有稀缺性、外部性等特征，才需要综合考虑资源配置问题。而研究资源的配置问题，也就是研究资源的配置由谁决定、配置给谁、怎么配置的问题[146]。

资源配置是指资源之间以及资源与其他经济要素之间的组合关系，以及资源在不同用途、不同使用者之间的分配状况和在时间、空间、产业等方面所做的结构安排[147]。资源的有效配置是经济学的重要研究对象，并且是微观经济学研究的核心内容[148]。合理的资源配置既要满足人们生产和生活的需要，又要使有限的资源得到最充分合理的利用。

资源配置具有以下特征。

（1）资源配置的根本原因在于资源的稀缺性。如果资源的储量足够多，资源能够满足人类的无限需求，资源配置便没有必要。实际上，资源往往是有限的，一方面，一定时期内物品本身是有限的；另一方面，利用物品进行生产的技术条件是有限的，同时人的生命也是有限的[149]，这种选择就是资源配置。西方经济学认为，资源的稀缺性导致"能够生产各种商品的全部资源的有限性，使得人们必须在各种相对稀缺的商品中间进行选择"[150]。资源配置的前提是资源的稀缺性。

（2）资源合理配置是经济活动必须解决的根本问题。资源合理配置的基本目标是根据经济、技术等条件，把资源的要素进行合理组合，从时间上进行合理分配，从空间上进行合理布局，在产业之间进行合理调整，以充分利用资源，使资源产出的总体效益最大化，满足日益增长的各种社会需要[151]。

（3）资源配置除了应遵循经济学的基本原理外，还需要遵守经济效益、生态效益和社会效益相结合以及最优化和可持续利用等原则。只有按照一定的目标和准则，通过一定的机制，才能实现自然资源的最优化和可持续利用的总目标。

（4）资源配置同时也是一个政治经济问题。资源配置的背后，首先反映了谁拥有决策资源配置的权力，其次反映不同利益集团采取什么手段对资源配置决策产生影响，最后还反映出资源配置的结果对不同利益人群的影响。

（5）资源配置与经济制度和经济体制密切相关。资源配置是任何一种社会生产都面临着的问题，因为绝大多数资源实际上都有稀缺性或者相对稀缺性。但是，在计划经济、市场经济和混合经济这三种经济体制下，解决资源配置的原则、方法、体系是不同的，在当前，市场经济体制配置资源相对有效，但是资源配置仍然脱离不了行政配置，这种关联性将一直持续下去。

2.2 我国海域资源配置的概念和特性分析

经大量查阅现有文献资料，关于"海域资源配置"的概念学术界并没有做出回答，而为了使得本研究工作更有针对性、本研究的对象更明确，客观上需要对"海域资源配置"的概念做出一个通用的解释。按照中华人民共和国国家标准 GB/T 15237.1—2000 中关于"概念"的定义，"概念"是对特征的独特组合而形成的知识单元。本研究从海域资源配置的本质属性出发，将"海域资源配置"的概念定义为"海域资源与使用对象之间配置的过程"。分解来说，海域资源配置，首先是一种配置过程；其次是海域资源与使用对象间的配置过程。本研究的对象是我国海域资源配置，为了更好地解释"我国海域资源配置"的概念，需要对"海域资源配置"中的两个突出问题做具体说明。

（1）海域资源配置存在主动和被动两个状态：由于海域资源配置是海域资源与使用对象之间配置的过程，那么，可以基于使用对象配置对应的海域资源，此时，使用对象处于主动位置，海域资源处于被动位置；反过来说，也可以基于某一海域资源配置对应的使用对象，此时，海域资源处于主动位置，使用对象处于被动位置。本研究在构设海域资源配置方法时，研究的是基于某一特定海域，选择配置评价指标，按照配置流程，寻找到该海域所对应的用海人，可见本研究是定位于从后一个主动和被动对应关系中选择的海域资源配置，即海域处于主动位置，配置对象处于被动位置，就特定海域找对应的配置对象。

（2）海域资源配置存在两个时间阶段：第一个时间阶段应该是在海域的功能尚未明确的阶段。此时海域适合干什么，其功能没有明确，对这种阶段的海域进行配置，例如，某块海域适合养殖，或者适合做港口码头，此时的配置更多的是依据海域的自然属性。第二个时间阶段则是某一海域的功能已经确定之后。例如，某块海域已经确定为养殖用海，对其配置就是需要找到适宜的养殖使用人。从内容上说，第一个时间阶段的配置其实是海洋功能区划所要解决的问题，这个阶段的海域资源配置实际上也是海洋功能区划的确立过程，这个过程在国家立法及其配套制度建设中已有安排，非本书要论述的重点。而第二个时间阶段，也就是海域已经被功能区划确定后的配置问题，则是本研究所要解决的问题。

因此，根据上面提出的"海域资源配置"的通用概念，综合我国海域资源的功能属性、资源配置的基本属性、我国海域使用管理的基本现状和本研究的目的，笔者认为：我国海域资源配置是在海洋功能区划已经确定该海域基本用海功能的基础上，通过运用一定的配置方法，将海域分配给海域开发利用者，以实现海域资源的综合效益最大化的过程。我国海域资源配置除了具备"海域资源配置"的基本属性外，还有自己的如下特性。

（1）我国海域资源配置是现行海域使用管理的基本内容，并与我国现行海域使用管理中的海域权属制度相对应。目前国家主要是通过行政审批和招标拍卖方式确定海域使用权的归属，实现海域资源与海域使用权人的配置关系，只是我国目前的行政审批和"招拍挂"更多的是从经济效益角度出发，极少体现出海域资源的社会价值、资源环境价值，也就是说现行的海域权属制度能实现"交付"，但不能实现"对价交付"，这个"对价"就是海域资源的综合价值。也正因为如此，为本研究提出了海域资源配置方法的客观必要性。

海域使用管理是一个综合的概念，依据《海域使用管理法》的基本框架，我国海域使用管理包括三大内容，即海洋功能区划、海域使用权属、海域有偿使用。其中，海洋功能区划划定海域的属性和功能，特别是自然属性，海洋功能区划保护海域使用的合理性；海域使用权属是在确保海域资源国有的基础上，实现海域使用权的交付和流转；海域有偿使用制度是将国有海域作为国有资产，实现国有资产的经济效益，并杜绝海域资源的浪费和流失。这三大内容是国家实施海域使用管理的一个"组合拳"，在国家统一管理与地方分级管理相结合的管理体制下，共同发挥着各自的功能。海域资源配置既与现行的海域权属制度相对应如图 2–1 所示，也与之有区别。

（2）我国海域资源配置不能脱离现有的海域使用管理中的海洋功能区划和海域有偿使用。如上所述，海域使用管理的三大内容是一个有机的整体，海域资源配置与海洋功能区划、海域有偿使用关系紧密。在与海洋功能区划的关系上，海域资源配置研究的基本条件就是海洋功能区划制度。海域的用途和功能随着环境条件、开发利用技术、时间等条件的变化有所不同。由于海域是一个立体资源空间，适宜干什么，不适宜干什么，相互之间有什么影响，科学性很强，对一个未确定功能的海域进行配置不具备可行性，也无意义。海域资源进行配置的前期条件之一就是要确认海域的基本功能，这个使命由我国海洋功能区划制度完成。海洋功能区划根据海域区位、自然资源、环境条件和开发利用的要求，依据海域的自然属性和社会属性，通过科学划定海洋功能区、统筹安排各有关行业用海，为海域使用管理和海洋环境保护工作提供科学依据，为国民经济和社会发展提供用海保障。海域资源配置与海域有偿使用也紧密联合，目前国家实行的海域有偿使用制度是海域使用金。海域使用金是海域作为资产的经济价值的体现，也是海域资源配置的经济杠杆。但是由于现在的海域有偿使用制度不能对海域资源配置实施有效的引导和调节，因此，海域资源配置的经济杠杆调节除了海域使用金外，还有税收调节机制。

（3）实现海域资源合理配置需要科学的配置方法。由于海域资源具有稀缺性，一个国家或一个地区，海域资源的总量是固定有限的，但需求却是无限的，所以需要优化海域资源配置，更好地满足国家和社会以及广大

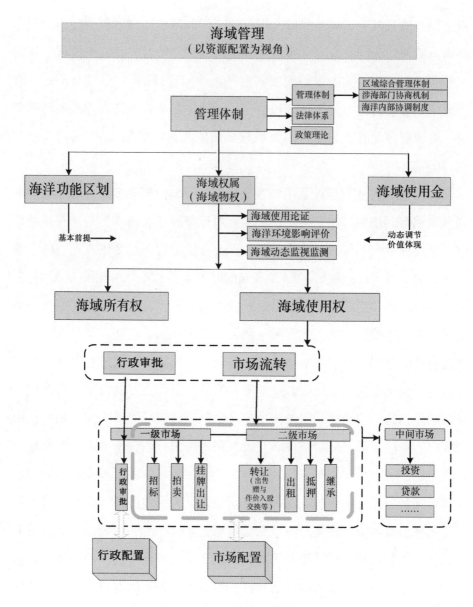

图 2 – 1　海域资源配置与海域使用管理的关系

人民群众无限增长的物质、文化需求[152]，为了实现这些社会需求、经济需求、资源环境需求，必须依靠合理的配置方法，因此，本研究在现有海域使用管理机制下，构建了海域资源配置方法，包括 1 个评价体系和 1 个配置流程，并为评价体系和配置流程构设了若干环节，这些环节作为一个有机整体，共同为实现海域资源配置发挥功效。

（4）海域资源配置是国家资源配置体系的重要组成部分。如前所述，我国国土既包括陆域，还包括海域，两者是不可分割的整体。海域资源是我国资源的重要组成部分，是我国宝贵的稀缺性资源，因而对我国海域资源的配置需要在整个国土资源的统一布局下开展。同时，合理配置海域资源也是完善我国资源配置体系的重要内容，对于我国经济体制改革的推动与完善具有重大意义。

2.3 我国现行海域资源配置的方式

机制（mechanism）原意指机器的构造及其制动原理和运行规则，泛指一个系统中，各元素之间的相互作用的过程和功能[153]，引入到生物学、医学等学科，引申为有机体的结构和功能，即它们内在运行、调节的方式和规律。机制通常具有公认性、强制性、相对稳定性、系统性等特征，机制内部各方面往往是相互制约和相互影响的内在有机联系形式。社会学上的机制通常理解为机构和制度的统称。资源配置也属于经济体制范畴，是经济体制的一项重要内容。配置方式与配置机制大体相当，资源配置方式与经济体制类型相一致，采用行政配置方式配置资源的大多是计划经济体制，采用市场配置方式配置资源的大部分是市场经济体制。资源配置主要有两种方式：行政配置和市场配置[154]，同样，我国海域资源配置的方式也主要有市场配置方式和行政配置方式两种。

我国海域流转市场包括一级市场、二级市场和中间市场。其中，一级市场是国家依法将其海域使用权有偿转让给海域使用者之间的交易关系，包括包括行政审批和招标、拍卖、挂牌出让方式；二级市场是海域使用者在使用期限内依法将海域使用权再转包给第三者的交易关系，包括转让、出租、抵押、继承等。可见我国海域资源行政配置均从属于海域一级市场，市场配置是一级市场的组成部分，并完全涵盖了二级市场如图2-2所示。

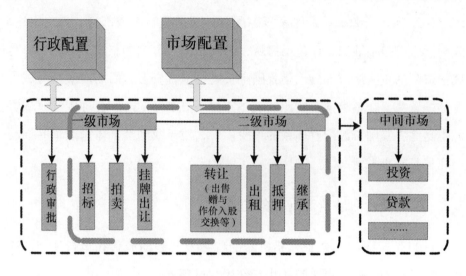

图2-2　海域资源行政配置与市场配置的关系

2.3.1　我国海域资源行政配置方式分析

在中央集权的计划经济制度下，资源配置是建立在公共产权基础上的，政府运用宏观调控职能，运用计划手段确定社会资源生产规模的大小和价格的高低。在市场经济中，宏观调控是政府为实现促进经济增长、增加就业、稳定物价总水平和保持国际收支平衡的基本目标，通过实施行政手段、经济手段、法律手段调节市场经济的运行。由于市场经济中的供应及需求是由价格规律和自由市场机制决定的，经济增长和通货膨胀往往相伴而行，因此政府为了整体社会的经济运作，通过人为调节供应与需求，以实现经济计划的目标。宏观调控包含四个基本目标，即促进经济增长、增加就业、稳定物价总水平和保持国际收支平衡，宏观调控的手段有行政手段、经济手段、法律手段等，我国是以经济手段和法律手段为主，以行政手段为辅。其中，行政手段是国家运用国家机器，采取带强制性的行政命令、指示、规定等措施，来调节和管理经济。经济手段，是国家运用财政政策、货币政策，或者通过制定和实施经济发展规划、计划等，调整经济利益来影响和调节经济活动的措施。法律手段是国家通过制定和运用经济法律法规来调节经济活动的手段，通过经济立法，规范经济活动参与者的行为，同时也利用经济立法，来保证各项经济政策、经济合同能依法执行和履行，并打击各种经济违法犯罪。

2.3.1.1　我国行政配置机制的具体表现

《海域使用管理法》第十六条第一款规定："单位和个人可以向县级以上人民政府海洋行政主管部门申请使用海域"，这是我国海域资源行政配置的基本依据。近年来，我国为配置海域资源，已经采取了多种行政措施和手段。具体有以下几个方面。

（1）建立海洋功能区划制度。在《海域使用管理法》确认海洋功能区划制度为海域使用管理的三大基本制度之一后，陆续批准实施了《全国海洋功能区划》等一系列关于海洋功能区划管理方面的规范性文件，海洋功能区划成为合理开发利用海域资源、有效保护海洋环境的科学依据。

（2）规定行政审批制度。行政审批是国家实施宏观调控的主要手段，也是目前海域资源配置的最主要的手段和方式，通过行政审批制度，使得海域资源通过计划的方式回归海域使用权人手中，一定程度上实现了国家作为海域资源所有者的价值。

（3）设置海域使用金管理制度。海域有偿使用制度是我国海域使用管理法确定的基本制度，海域使用金征缴管理是海域有偿使用的核心，海域使用金管理制度是海域资源配置的调节器，通过征收海域使用金，既体现了国有海域资源性资产的保值和增值，也为海域资源流转创造了充分的依据和凭证。国家为加强海域使用金征收管理，下发了《关于加强海域使用金征收管理的通知》（财综〔2007〕10号），要求严格按标准征收海域使用金，确保海域使用金应收尽收。通过实行海域有偿使用制度，促使海域使用权人充分考虑投入产出比，一定程度上避免了盲目圈占海域，遏制了因海域无偿使用引发的开发无度、利用无序的混乱状况，实现了我国海域资源的配置[155]。但是在我国海域"招拍挂"中，以出价高者获得海域使用权的方式，由于这种方式过分重视经济效益，忽略了生态效益和社会效益，导致海域资源配置出现环境恶化等不良影响。

（4）要求开展海域使用论证。《海域使用管理法》明确要求，单位和个人申请使用海域时应当提交的书面材料中必须要有海域使用论证材料，随着《海域使用论证资质管理规定》（国海发〔2004〕21号）、《海域使用论证管理规定》（国海发〔2008〕4号）等部门规章以及沿海省（市、自治区）的地方海域使用论证技术规程的出台，我国海域使用论证制度日益完善，海域使用论证管理走上有法可依、有章可循的道路。海域使用论证成为单位和个人申请海域使用权的前提，成为国家审批项目用海的一个重要依据，也成为海域资源配置法律制度的重要组成部分。

（5）要求开展海洋环境影响评价。当前，我国海洋环境面临一系列挑战，近岸海域环境污染仍然严重，陆源排污严重污染近岸海域，海水增养殖区环境不容乐观，海洋赤潮灾害频发，近岸海洋生态环境脆弱，海岸侵蚀灾害严重[156]。为了解决海域开发与海洋环境保护之间的矛盾，国家设置了海洋环境影响评价制度。在用海项目中，海域使用权人通过对规划和建设用海项目实施后可能造成的环境影响进行分析、预测和评估，提出相应预防或者减轻不良环境影响的对策和措施，从而达到既促使海域资源配置合理化，又能保护海洋环境的双重目的。

（6）开展了区域建设用海管理。围填海在取得巨大社会经济效益的同时，也引发了诸多问题，如盲目、非法围填海严重破坏了海洋生态环境。因此，对围填海行为必须加以规范，不然不仅会破坏有限的岸线资源，还会影响国民经济宏观调控的有效实施[157]。为了对区域建设用海实行总体规划管理，也为了解决单个项目用海论证可行而区域整体论证不可行的问题，国家下发了《加强区域建设用海管理规则的若干意见》（国海发〔2006〕14号），确定了区域建设用海先做规划、后开展海域使用论证，区域建设用海整体论证、单独发证的管理准则。随后，为了加强海上人工岛建设用海管理，2007年下发了《关于加强海上人工岛建设用海管理的意见》，要求严格控制人工岛建设的数量和密度，从严限制人工岛建设的用海范围和位置，强化对人工岛用海方案的审查，实施对人工岛建设和使用的全过程管理。

（7）实行围填海计划管理。为切实增强围填海对国民经济的保障能力，提高海域使用效率，确保落实海洋功能区划制度，2009年11月，国家发展和改革委员会、国家海洋局联合下发了《关于加强围填海规划计划管理的通知》（发改地区〔2009〕2976号），规定从2010年开始，对围填海年度总量计划管理，将围填海正式纳入国民经济和社会发展年度计划，这表明我国合理开发利用海域资源，整顿和规范围填海秩序、对围填海实行宏观调控迈出了实质性、关键性的步伐[158]。围填海计划管理是政府实施宏观调控的有力举措，弥补了围填海管理中的某些制度性缺陷，抑制了地方政府盲目围填海行为，有利于国家保护海洋资源、保护海洋环境[159]。

2.3.1.2　行政配置在海域资源配置中的功能分析

行政配置机制在海域资源配置中扮演着非常重要的角色，是我国海域资源配置的重要抓手，突出表现在以下几个方面。

（1）推动海洋经济的发展。国家通过宏观调控，合理制定相关财政和税收政策，提高海域使用权的融资能力和水平，使得海洋经济既要努力提高速度，又要防止增长过快，更要避免大幅度波动，以保持海洋经济持续、快速、稳定的增长。

（2）控制海域开发的规模、力度和用海秩序。政府通过维护良好、公平、公正的市场秩序，为海域开发创造前期条件，政府通过制定海域使用管理法律法规，将以前"无偿、无序、无度"的用海秩序，转化为"有偿、有序、有度"的用海秩序。同时，政府通过制定全国海洋开发规划和计划，实现全国海洋空间开发良好格局。政府通过合理控制海洋产业结构，调整海洋第一、第二、第三产业的比例，促进海域资源开发可持续发展。

（3）调节各种用海供需矛盾。近年来，随着沿海地区经济社会的快速发展，陆地资源日益匮乏，沿海地区向大海要土地的热情日益高涨，用海和用地之间、海洋工程和海岸工程之间存在着不衔接。同时，由于海域资源的稀缺性，各种用海之间矛盾重重，即使在海洋功能区划已经确定海域功能的前提下，地方为了满足用海需求，会通过调整海洋功能区划的手段来实现用海需要。而传统的"祖宗海"观念依然存在，并时刻挑战着国家作为海域所有权的法律地位。通过行政配置，一定程度上调节了各方利益，促进了海域资源开发利用秩序向良性化发展，但是我国海域资源行政配置中各级人民政府部门往往把经济效益作为首要追求，甚至忽视环境甚至以牺牲环境为代价去攫取"政绩"，这些行为严重影响了海域资源配置最终目标的实现。

2.3.2 我国海域资源市场配置方式分析

市场配置方式是指通过市场价格和供求关系的变化，以及经济主体之间的竞争，协调生产与需求之间的联系和生产要素的流动与分配，从而实现资源配置的一套系统。在自由放任的市场经济制度下，资源配置由市场供求关系决定，生产者为追求利润，根据市场价格决定其生产的方式以及购买投入的数量，而家庭或个人则是主要的消费者，消费者和生产者的相互作用决定着商品的生产数量和价格。市场作为一只"看不见的手"，通常是检验经济活动成效的一种好方法。市场机制的核心是价格与竞争机制，具体来说，市场通过价格信号给处于竞争中的主体指示方向；同时通过竞争，推动和迫使市场主体对价格信号做出反应。通过双重作用和影响，资源和要素不断地被配置到那些在市场中降低成本、提高效率的竞争者手中，市场经济由此而发挥配置资源的功能[160]。尽管市场中存在的是分散的决策者和千百万利己的决策者，但事实已经证明，市场经济在以一种总体经济福利的方式组织经济活动方面非常成功。并且，由于市场经济的平等性、竞争性、法制性和开放性实质上是由商品经济的客观规律，即价值规律决定的，因而市场经济的一般特征是市场经济本身所固有的，不是由人的主观意志强加的。市场经济是社会化的商品经济，是市场在资源配置中起决定性作用的经济。市场经济是实现资源优化配置的有效形式。

《海域使用管理法》第二十条第二款规定海域使用权除了行政审批方式取得外，也可以通过招标或者拍卖的方式取得，该法第二十七条第二款和第三款规定了海域使用权可以依法转让和继承，这3个具体条款成为我国海域资源市场配置的法律依据。随着海域资源稀缺性日益明显，国家和个人对海域资源需求的进一步加大，行政配置不足以实现海域资源的合理配置，国家正在逐步推行海域资源市场化配置工作。

例如，为了优化海域资源配置，简化审批环节，国家开展了海域"直通车"制度。自《海域使用管理法》实施以来，依据一般程序，填海建设项目需凭海域使用权证书换发土地使用权证书后，方可进入基本建设程序。由于各地在用海用地换证管理工作的衔接还不够顺畅，使得部分项目基本建设审批环节增多，影响效率，不利于项目建设的推进，甚至增大了海域使用权人的负担。为此，沿海各地在管理实践基础上纷纷提出用海项目凭用海审批手续和海域使用权证书办理基本建设项目的立项、审批、开工、监督、验收、登记等相关许可和手续的探索，海域使用管理这一制度创新被形象地称为海域使用权"直通车"制度。2007年,《物权法》颁布实施,明确了海域使用权与土地使用权具有相同的基本用益物权地位,使得海域使用权"直通车"制度具备了法律基础。海域使用权"直通车"制度是对推进建设项目审批体制机制的创新。2011年以来,山东、浙江、广东、福建四省在制定本省海洋经济试验区发展规划时,都提出了要积极开展凭海域使用权证书按程序办理项目建设手续工作。随后,国务院相继批准了《山东半岛蓝色经济区发展规划》、《浙江海洋经济发展示范区规划》、《广东海洋经济综合试验区发展规划》和《福建海峡蓝色经济试验区发展规划》,在战略规划层面对海域使用权"直通车"制度给予了认可,做出了顶层设计。目前,河北、山东、浙江、江苏陆续制定了相关政策文件,开展海域使用权"直通车"试点工作,其中浙江省还将海域使用权"直通车"制度在地方性法规中加以了规定。同时,继2012年年初我国开始推进经营性围填海、海砂开采用海等海域使用权招标拍卖后,2013年我国已经在全面推行旅游、海砂和养殖用海海域使用权的市场化配置。

2.3.3 我国海域资源配置方式的比较分析

2.3.3.1 行政配置与市场配置作为资源配置的两种不同方式,是相互区别的

(1)两种方式的出发点不同。行政配置资源的出发点是生产能力,从能生产什么、能生产多少出发来配置资源,关注的重点是能生产什么,而不是是否真正需要这种生产能力。市场配置资源的出发点是市场需求,从市场需求出发配置资源,关注的重点是供需关系,从市场供应关系出发,市场供过于求时,投入的资源就会减少或者撤出。

(2)两种方式的依据不同。行政配置资源的依据是指令性计划指标,行政配置资源以指令性计划指标作为配置资源的指示器,通过下达指令性计划自上而下控制着资源的流向、流量和组合比例[161]。而市场配置资源

的依据是市场价格，随着供求关系变化，其市场资源的流向、流量和组合比例随即发生改变。

（3）两种方式的主体不同。行政配置资源时，主体是政府；市场配置资源时，主体是企业。行政配置资源时，政府机关实际上是在履行企业微观经营者职能，政府按照行政隶属关系，将国家宏观经济发展目标分解成计划指令，自上而下分发到企业，直接决定资源在不同部门、不同地区、不同企业间的分配，政府成了企业决策市场业务的主体，而企业则仅作为政府的附属工具。市场配置资源时，政府并不管企业的微观管理，企业成为市场主体且独立开展生产经营者，按照市场需求决定资源的流向、流量和组合比例，自主经营、自负盈亏，政府和企业实行分离制[162]。

（4）两者的动力机制不同。行政配置资源以指令性计划的行政约束力为动力，指令性计划指标作为一种行政命令，具有行政约束力，企业必须被动接受，指令性计划行政约束力便成为行政配置资源的驱动力。而市场配置资源以企业对经济利润的实际追求为动力，企业基于对利润的追求可以把资源配置到价格高或者是社会上需求最旺盛的产品的生产上，企业赢取利润成为市场配置资源的驱动力。

2.3.3.2 我国海域资源的行政配置和市场配置也是相互联系的

实践已经证明：通过市场机制的自发作用，一定程度上能解决配置什么、配置多少、如何配置和为谁配置的基本问题，但纯粹的市场配置也并不能完全保证资源配置的合理性和科学性，还需要政府实施规则并维持对市场经济至关重要的制度时，市场作为"看不见的手"才能真正发挥作用。同样道理，在完全政府行政配置中，资源配置的决策权力高度集中，物品和劳务的供求信息是自上而下再自下而上地纵向流动，动力机制主要来源于对经济当事人行为的限制以及精神的鼓励，基于社会稳定、国家安全、总量平衡等因素的考量，行政配置在资源配置方面发挥出了重要作用，同时也导致了资源市场不完善、不健全等一系列弊病。为此，政府需要从完善市场功能的角度出发，制定资源与环境的有关法律法规体系，为资源的使用界定明晰的产权，构建顺畅的产权交易市场，推动环境等公共产品进入市场，提高资源配置效益。可见，当市场化配置出现失灵时，就需要政府进行干预，调整资源配置方式。正因为如此，我国海域资源配置可以有所侧重，但绝不能完全丢掉一方，需要通过政府的适度参与，完善市场机制，市场机制和行政机制在某种程度上的有机结合是我国海域资源配置的客观要求。

2.4 海域资源配置的主体

海域资源配置的主体主要指海域资源配置法律关系中的具体承受或参加人。在民法上，具有法律关系主体资格者，有自然人、法人两类实体，其中享有权利者称权利主体，负担义务者称义务主体。海域资源配置的主体主要包括两类：一类是代表海域所有权的国家主体；另一类是能从事海洋开发利用活动的海域使用权人。我国海域资源配置的主体与《海域使用管理法》中确定的海域所有权、海域使用权的主体是一致的。值得一提的是，海域使用权的主体同时也是海域资源配置的社会客体。

2.4.1 海域所有权的主体

在我国现阶段，社会主义全民所有制采取国家所有制形式，一切国家财产属于以国家为代表的全体人民所有。国家所有权是全民所有制在法律上的表现，是中华人民共和国享有的对国家财产的占有、使用、收益、处分的权利。其权利主体是代表全体人民利益和意志的国家。国家机关、企事业单位、集体和个人都不能与国家分享所有权。早期海域开发活动的一个重要特征就是"无序、无度、无偿"，其根本原因在于海域所有权的不确定性，"祖宗海"、"门前海"观念甚至在很长一段时期里存在，严重影响了海域开发利用的良好秩序，也给国家财产带来了极大的损失。国家海域所有权的确立，促使了海域有偿制度的产生，给国家财产保值增值带来了保障，同时，通过明确海域所有权的一元化，理清了用海者和海域之间的关系，客观上减少了用海矛盾，给良好的用海秩序创造了基本条件。海域所有权作为国家所有权的一种，属于财产所有权的范畴，除了具备财产所有权的一般属性，还具有自己的独特属性。海域所有权的确立，极大丰富了财产所有权的内容，同时也进一步丰富和完善了海域物权法律体系。

《物权法》将海域的国家所有权和海域使用权相分离，有利于增强海域使用权人开发投资的信心和合法权益，有利于促进沿海地区的社会经济发展。

2.4.2　海域使用权的主体

（1）任何单位和个人均可以成为海域使用权的主体。海域使用权人，是海域使用权法律关系中的一方主体。《海域使用管理法》第十六条第一款规定："单位和个人可以向县级以上人民政府海洋行政主管部门申请使用海域。"该条款成为海域使用权人的资格准入制度。

（2）农村集体经济组织或者村民委员会可以作为海域使用权人。《海域使用管理法》第二十二条提到了农村集体经济组织或者村民委员会可以作为海域使用权人，同时规定了农村集体经济组织或者村民委员会成为海域使用权人必须满足一定的条件。

可见，海域使用权的主体范围非常宽泛，包括单位、个人和农村集体经济组织或者村民委员会。海域使用权的主体既包括国内企业，还包括中外合资经营企业、中外合作经营企业、外商投资企业等；既包括自然人和法人，还包括合伙和其他非法人团体。

2.5　海域资源配置的客体

客体即主体的认识对象和活动对象，依据《海域使用管理法》和《物权法》等规定，海域资源配置的客体包括社会客体和自然客体两个。社会客体是该海域的使用权人；自然客体是以海域和滩涂为载体的海域资源。社会客体在2.4.2一节中已有论述，此节只论述海域资源配置的自然客体。

2.5.1　海域

从地理意义上讲，海域是指海洋中区域性的立体空间。从法律意义上讲，海域的概念可以分为以下三个层面。

（1）《海域使用管理法》层面上的海域。《海域使用管理法》从行政法层面上界定了海域，认为海域包括中华人民共和国内水、领海的水面、水体、海床和底土[163]。具体来说，海域有两层含义：在垂直方向上分为水面、水体、海床和底土4个部分；在水平方向上包括我国的内水和领海。也就是说，《海域使用管理法》的管理范围是从海岸线开始到领海外部界限，面积$38 \times 10^4 \, \text{km}^2$。根据国务院有关文件和国家标准的规定，海岸线作为土地和海域的分界线，是指平均大潮高潮线[164]。目前，沿海各省市按照规定已经基本完成海岸线修测，并得到当地省级人民政府批准后对外公布。

（2）《物权法》层面上的海域。《物权法》从私法层面上界定了海域的概念，海域作为民法意义上的物，是不动产，具有客观物质性、可支配性，具有地理位置固定的特点。海域不仅是海洋资源一定范围内的载体，海域空间本身也具有使用价值，因此海域也是一种资源[165]。

（3）国家主张管辖范围层面上的海域。既包括《海域使用管理法》、《物权法》所调整的内水、领海海域，同时也包括专属经济区和大陆架。

海域等别是以自然、社会、经济属性为基础，结合用海类型、海域使用权价值、用海需求情况、对海域生态环境所造成的影响程度、国民经济发展状况以及社会承受能力等因素，研究海域的综合属性差异、空间分布规律等，从而划分出的若干海域类型。海域等别是海域使用金征收标准的重要参考依据，也是制定海域使用管理基本政策的基础。海域等别具有差异性，同一海域甚至会出现等级不同的类别。根据 2007 年 3 月 1 日起实施的《关于加强海域使用金征收管理的通知》（财综〔2007〕10 号），我国海域具体细分为 6 个等别。

值得一提的是，滩涂资源也属于海域资源配置的客体范畴。滩涂并不是国际上的通用术语，最早是我国民间对淤泥质潮间带的习惯性称谓，随后广泛用于我国学术界和官方性文件中。从国家、行业标准以及辞书记载中均可以看出，海岸线是海域与陆地的分界线，即平均大潮高潮线。《海域使用管理法》规定内水是指领海基线向陆地一侧至海岸线的海域。国务院的规范性文件，如《国务院关于开展勘定省、县两级行政区域界线工作问题的通知》（国发〔1996〕32 号）、《国务院办公厅关于勘定省县两级海域行政区域界线工作有关问题的通知》（国发办〔2002〕12 号）等文件均认为海岸线是海洋与陆地的分界线，是海洋勘界的起点。国家标准《1:500/1:1 000 / 1:2 000 地图图式》、行业标准《地籍图图式》（CH 5003—94）等也是以海岸线为海陆分界线，认定海岸线是指以平均大潮高潮的痕迹所形成的水路分界线[166]。

滩涂的具体地理位置是指潮间带，按照国家立法的有关规定，滩涂亦属于海域，是海域所有权的客体范畴。目前国家标准、行业测绘标准，均规定了海岸线，其概念是平均大潮高潮时的水陆分界痕迹线。在管理实践中，滩涂分为海岸滩涂（海涂或者浅海滩涂）和陆域滩涂（河滩、湖滩）两类。海岸滩涂是指沿海平均大潮高潮位的痕迹线与低潮位之间的海侵地带。滩涂是海域的一部分，潮间带滩涂是海域不可分割的一部分。同时，

《宪法》规定滩涂有国家所有和农村集体经济组织所有两种形式，所以我国普遍存在着滩涂由农村集体经济组织进行承包的情况。《海域使用管理法》第二十二条具体针对已经由农村集体经济组织或者村民委员会经营、管理的养殖用海的情形，为了更好地解决滩涂用海的管理问题，确定只要符合海洋功能区划，并且经当地的县级人民政府核准，可以将海域使用权确定给该农村集体经济组织或者村民委员会，由本集体经济组织的成员承包用于养殖生产。

2.5.2 海域资源

海域资源与土地资源一样，是重要的自然资源，它的资产价格（或征收标准）反映了海域资源的稀缺度。海域资源是以海域作为依托，在海洋自然力作用下生成的广泛分布于整个海域内，能够适应或满足人类物质、文化及精神需求的一种被人类开发和利用的自然或社会的资源。可见，海域资源具备两个显著特征：一是海域资源能够适应或满足人类的需要，对人类具有有用性，或者说海域资源对人类具有价值；二是海域资源不完全是自然资源，海洋社会资源如历史文化资源，它是数千年以来在人类开发和利用海洋的过程中形成的一种精神积淀。

从自然属性的角度看，我国海域资源主要包括了八大类型：生物资源（鱼类、贝类、藻类、甲壳类、海兽类等）、化石燃料资源（海洋石油、天然气、海底煤矿等）、深海矿物资源（大洋锰结核、海底钴结壳、海底热液矿床等）、海滨砂矿资源（非金属砂矿、金属砂矿、宝石及稀有金属砂矿等）、海水化学资源（海水淡水资源、地下卤水资源、海水化学物质资源等）、海洋能源（波浪能、潮汐能、海流能、风能、温差能、盐差能等）、海洋空间资源（填海造地、人工岛、海上机场、海底仓库、海底隧道、跨海桥梁等）、自然景观资源（海浪、沙滩、海岸、海底世界等）。可以说，某一海域拥有哪些资源主要受地理、气候等自然环境影响，具有的相对固定性，甚至这些资源的存在是不以人的意志为转移的。

从对海域资源进行开发利用的角度看，《全国海洋功能区划》（2011—2020 年）按照科学调整和分类原理，结合海洋开发保护活动的现实特征，对《海洋功能区划技术导则》（GB 17018—2006）规定的海洋功能区划分类体系做了重新审视和进一步优化，把海洋功能区一级类型由原来的十大类，调整为八大类，即农渔业、港口航运、工业与城镇用海、矿产与能源、旅游休闲娱乐、海洋保护、特殊利用、保留。与八类海洋功能区相对应，按照国家海洋局颁发的《海域使用分类体系》，以海域资源的自然属性为基础，同时综合海域资源在经济、社会和生态等方面的价值，我国确立了九类用海类型，包括渔业用海、工业用海、交通运输用海、旅游娱乐用海、海底工程用海、排污倾倒用海、造地工程用海、特殊用海和其他用海[167]。

2.6 海域资源配置的目标及实质

2.6.1 海域资源配置的直接目标

根据 2.2 节的阐述，我国海域资源配置是在海洋功能区划已经确定该海域基本用海功能的基础上，通过运用一定的配置方法，将海域分配给海域开发利用者，以实现海域资源的综合效益最大化的过程。海域使用权人的范畴与海域资源配置的主体一致。该海域使用权人既包括单位、个人，还包括农村集体经济组织或者村民委员会。因此，我国海域资源配置的直接目标是针对特定海域，运用配置方法，找到"适宜"的用海者。

依照《海域使用管理法》的规定，我国海域配置主要依靠行政审批和海域使用"招拍挂"两种方式来实现。我国海域资源配置中客观存在着配置法律制度不健全、海域使用金对海域资源配置的引导和调节作用有限以及海域资源市场化配置进程缓慢等问题。在行政配置中，一些政府部门往往过于注重经济效益，甚至忽视环境甚至以牺牲环境为代价去攫取"政绩"；在市场配置中，通常以竞价高者取得海域使用权，海域资源配置的结果与经济效益直接挂钩，海域资源的综合价值实际上未得到充分体现。尽管当前沿海区域开发开放对海洋空间的需求、沿海产业结构调整对培育和壮大海洋战略性新兴产业的需求越来越迫切，但人民群众对优美安全的海洋生态环境的需求、沿海区域发展对防灾减灾的需求以及广大基层用海者对维护自身权益的需求也是越来越迫切，进行海域资源配置可能是经济收益水平最高的区域，同时也可能是资源环境负面效应最大的区域，因此有必要建立一种配置方法，增加社会效益、资源环境效益等因素在资源配置中的比重，使特定海域匹配的海域使用权人更能兼顾国家、社会、广大人民群众多方利益，更能体现海域资源的综合价值。这种配置方法匹配的特定海域的用海者才是最"适宜"的，这也就成为了本研究所要重点探讨的内容。

为解决该问题，依据我国海域使用管理相关法律法规和国家相关区划、规划、政策和理论，构设了海域资源配置方法（见第6章）。该方法既充分考虑了海域资源的公共性、用海群体的广泛性，又充分尊重海域使用管理现状，同时兼顾国家和社会对海域环境、海域资源保护等方面的客观需求。该方法将有助于实现海域资源配置的直接目标，运用多种评价指标找到"适宜"的海域使用权人，同时也有助于实现海域资源的综合价值。

2.6.2 海域资源配置的最终目标

《海域使用管理法》第一条规定了海域使用管理立法的目的和宗旨，即"为了加强海域使用管理，维护国家海域所有权和海域使用权人的合法权益，促进海域的合理开发和可持续利用"。海域资源配置是海域使用管理的重要方面，其最终目的必须服从于我国海域使用管理的最终目标，即我国海域资源配置的最终目标是促进海域资源合理开发和可持续利用，实现海域资源综合效益的最大化。

从总体上看，海域使用管理作为一种行政行为，是对我国海域行使和实现国家主权和管辖权的一个方面，在整个国家行政管理中占有重要地位。具体而言，海域使用管理只是海洋管理的一个重要方面，与海洋环境保护是相辅相成的，都是海洋综合管理的重要手段，都是为了管好用好海洋资源，促进海域资源的可持续利用。海域使用管理与海洋行业管理、土地管理有很大的不同。与海洋行业管理（海洋渔业管理、海上交通运输管理、海洋矿产资源管理等）相比，海域使用管理是海洋综合管理[168]。海洋综合管理与行业管理关注的角度和管理的对象不同。海洋综合管理要解决的是各类海洋开发活动所要面临的共同问题，追求的是国家整体利益。而海洋行业管理要解决的是某一类海洋开发活动的具体问题，追求的是行业局部利益，如渔业部门管理渔业水域，关注的是渔业资源养护；海洋交通部门管理通航水域，关注的是海上运输安全[169]。同时，海域使用管理和土地管理虽然都是空间管理，但是两者在管理对象、管理方法、管理手段等方面有较大差别。在管理对象上，海域资源具有水体流动性和资源复合性的特点，而土地当中的资源是相对固定的。在管理方法上，海域使用管理主要以海洋功能区划为依据，实行项目用海管理。而土地管理主要是用途管制和总量控制。在管理手段上，由于海上交通不如在陆地上便利，海域使用管理需要动用船艇，测绘主要依靠 GPS 系统确定经纬度。

海域资源配置是作为我国实施海洋综合管理的重大举措，因此也是区别于行业管理和土地管理的，其促进海域资源合理开发和可持续利用的根本宗旨具体体现在以下三个方面。

（1）维护国家海域所有权，保护海域使用权人的合法权益。通过建立与完善海域资源配置制度，界定和保护海域资源，确认海域财产的法律地位，规范海域开发利用中的各种利益关系，从根本上维护海域使用权人享有的占有、使用和收益的权利，同时在经济上体现国有海域所有权，杜绝国有资产的流失。

（2）规范海域使用行为，维护海域使用秩序。通过构建配置海域机制，保护合法用海，打击非法用海，转变传统用海观念，制止侵占、买卖和以其他形式非法转让海域的现象，克服只顾眼前、不顾长远的利益驱动，防止盲目开发、过度开发海域等不合理的行为，建立有利于科学发展、社会和谐的海域使用秩序。

（3）合理配置海域资源，实现海域的可持续利用。根据经济和社会发展的需要，统筹安排各有关行业用海，保障国防建设、公益事业和基础设施用海，合理配置海域资源，使海域开发利用的规模和强度与海域资源和环境承载能力相适应，实现海域资源经济效益、社会效益和生态效益的统一。

2.6.3　海域资源配置的实质

促进海域资源合理开发和可持续利用、充分发挥其综合效益作为我国海域资源配置的根本目标，必然涉及经济效益、社会效益、生态效益等综合效益，涉及投入和产出之间的关系，海域资源是稀缺性资源，合理配置资源就要利用这有限的资源争取最大限度地实现这些效益。可见，对效益的追求是资源配置中不可回避的核心问题之一。从总体上讲，海域资源配置的实质是海域资源在沿海地区乃至全社会的利益分配关系。

仔细分析，人类社会始终存在着需求的无限性与资源的稀缺性之间的矛盾，解决这一矛盾的手段就是资源配置[170]。海域资源配置是基于海域资源稀缺性，海域资源在相关群体间的利益分配。社会群体的本质在于其内部具有一定的结构，即由规范、地位和角色所构成的社会群体社会关系体系。这个群体的范围非常宽泛。在时间序列上，包括过去、现在和未来；在区域范围上，包括东部、西部，或者发达地区、欠发达地区和贫困地区，或者辽宁、山东等11个沿海省（直辖市、自治区）和其他之外的省市；在行政主体上，涉及国家和地方，或者国家和集体、个人；在机构部门上，涉及海洋系统部门和其他涉海系统部门，或者涉海系统部门和非涉海系统部门之间；此外，社会群体包括家庭、乡村、城市、政党、国家乃至人类各种不同类型的社会结合，海域资源配置势必与这些群体的利益牵扯在一起。要保证海域资源在部门内部、部门之间和地区之间等合理配置，通常来说，在部门内部和部门之间的资源配置主要以市场机制为主，但地区之间的资源配置必要时需通过政府的行政分配和政策调节，目的是使地区经济得以协调发展。

基于上述考虑，在我国海域资源配置中，要处理好几个方面的关系：一方面，既要遵循经济规律，又要遵循自然规律，立足当前、考虑长远，统筹规划、合理布局，处理好开发与保护、效益和风险的关系，防范海域使用短期化行为，确保海域资源的合理开发和可持续利用；另一方面，也要求项目用海有保有压，区别对待，切实保障重点项目合理用海，杜绝高污染、高耗能的项目用海，处理好局部与全局的关系，处理好资源生态效益与经济效益、社会效益的关系，坚决制止以牺牲海洋资源生态环境为代价来换取经济发展的行为。本研究在探讨海域资源配置方法时，充分考虑了上述关系，以力求海域资源配置的合理性、公开性和公正性。

2.7 本章小结

本章结合海域资源的功能属性、资源配置的基本属性和我国海域使用管理的基本现状，提出了我国海域资源配置的概念和特性，尤其是分析了我国海域资源配置与现行海域使用管理的关系，由此引出了海域资源配置方法这一研究目标。然后对目前已经实行的海域资源配置方式进行了分析比较，研究了海域资源配置的主体、客体、直接目标、最终目标和实质，为海域资源配置方法的研究创造了理论前提。

3

我国海域资源配置历史与现状分析

  我国海域资源配置工作并不是一开始就存在的，其经历了一个由萌芽、起步、确立到发展的历程。在整个发展历程中，海域使用管理的实践是海域资源配置产生变化的"导火索"。实践是理论的先导，随着海域使用管理实践的发展，管理实践中存在的诸多问题迫切需要国家从法律法规、政策等层面上加以解决。在解决问题的过程中，海域资源配置就得到了一定的发展，但也客观存在着一些问题，如海域资源配置制度不健全、海域使用金对海域资源配置的经济杠杆作用尚未充分发挥、海域资源配置方式相对单一、市场配置滞后等，最终影响了海域资源配置直接目标和最终目标的实现。

3.1 我国海域资源配置的发展历程及特点

  关于我国海域资源配置的发展历程主要有以下两种判断标准。

  （1）时间标准。由于国家正式提出海域资源配置问题是始于 2011 年 12 月国家海洋局召开的全国海洋工作会议，自该官方提法出来之后，才开始有海域资源配置问题，以 2011 年 12 月的时间点为界，海域资源配置可以分为从无到有两个阶段。

  （2）海域资源配置的基本属性。海域资源配置是海域资源与使用对象之间配置的过程，从海域使用管理的实践和海域资源配置的本质属性来看，海域资源配置这个名称虽然是 2011 年 12 月国家正式提出，但是海域资源配置覆盖了人们开发利用海域资源的整个过程，在海域使用管理实践中已经产生了基本形式，国家的法律法规对此已经开始进行了规范，例如自 1993 年以后国家就开始施行海域使用行政审批，而且一段时间内是以行政审批确权为主来确定海域权属问题的，尽管那个阶段的资源配置结果合理与否值得讨论，但并不影响资源配置的形式已经存在这个客观事实。

因此，本书依据第 2.2 节关于海域资源配置的概念，认为应当采取第二种判断标准较为合适，同时，海域资源配置只有结合海域使用管理的实践才有实际的意义。

海洋实践活动实际上是作为主体的人与作为客体的海洋之间相互作用的过程[171]，在这个过程中产生了三大矛盾关系：人与海洋、人与工具、人与人。这三对矛盾集中表现在涉海人际关系的协调和涉海资源的配置，而我国海域使用管理正是在协调关系、配置资源、处理矛盾的过程中产生的。我国政府正式提出海域使用管理的概念始于 1993 年《国家海域使用管理暂行规定》的颁布，而海域使用管理正式纳入法律范畴则要追溯到 2002 年《海域使用管理法》的出台，但海域资源配置均以政府行政配置为主，至时任国家海洋局局长刘赐贵在 2011 年度工作报告中首次提出海域资源市场化配置问题，标志着市场化配置海域资源着手实施。因此，以 1993 年、2002 年、2011 年为时间节点，划分我国海域资源配置发展的四个阶段——萌芽阶段、起步阶段、确立阶段、发展阶段。

3.1.1　第一阶段（1993 年以前）：萌芽阶段

1993 年以前，海域资源配置在法律上基本是空白，海域资源配置处于萌芽状态，无法可依、无章可循，海域资源配置实际上是自由配置，未纳入经济体制范畴。

这一阶段资源配置特点有：一是海域所有权产权不清，"祖宗海"、

"祖宗滩"的传统观念占据主导地位，导致资源配置的产权不清晰；二是用海类型比较单一，资源利用以渔业用海、交通运输用海和盐业用海为主，导致资源配置客体相对单一；三是有关行业的海域使用处于各涉海部门分散分割管理的状态，海域资源配置管理相对混乱[172]。

3.1.2　第二阶段（1993—2002年）：起步阶段

1993—2002年，以《国家海域使用管理暂行规定》的颁布为标志，海域资源配置进入了有章可循却无法可依的阶段，海域资源配置开始纳入经济体制范畴。

这一阶段资源配置特点的表现有：一是新的用海形式不断出现，资源利用多样化。由于海洋开发利用方式逐渐多样化，新的用海形式不断出现和增加，例如，工矿用海、旅游娱乐用海、海洋工程用海、排污倾倒用海、围海造地用海以及其他特殊用海大量出现。二是海洋开发利用的主体出现多元化。特别是一些外商也开始在我国海域投资从事开发经营活动，外商在投资我国海域时，要求我方对使用的海域进行报价，并且要求取得期限较长的海域使用权，因而迫切需要尽快制定有关的法律法规[173]。三是不同类型用海之间对特定海域的竞争加剧，用海矛盾突出。由于海洋开发带来的收益也刺激了投资者开发海洋的热情，在当时所有这些用海类型一般都需要直接占用、支配特定海域才能进行，海域的稀缺程度不断加大，因而产生了不同类型用海之间对特定海域的竞争，海域使用一度出现了"无序、无度、无偿"的现象。尤其是养殖与港口锚地、养殖与滨海旅游、盐田与养殖、排污与滨海旅游、排污与养殖以及海洋开发与国防设施安全等一系列矛盾日益突出，特别是养殖海域单方面的确权往往导致了其片面发展，侵夺了其他海洋产业发展所必需的海域，加剧了行业用海的矛盾和纠纷[174]。

在这种背景下，国家海洋局和财政部经国务院授权，于1993年5月颁布实施了《国家海域使用管理暂行规定》，明确在海域属于国家所有的基础上，提出了"海域使用权"的概念，具体规定了海域使用许可和海域有偿使用两项制度，规范了转移海域使用权的出让、转让和出租三类方式，并规定"国家保护海域使用者的合法权益，任何组织和个人不得侵犯"[175]，使得海域资源配置有了初步的规范。

3.1.3 第三阶段（2002—2011 年）：确立阶段

2002 年以来，以《海域使用管理法》出台为标志，海域资源配置进入了有法可依、有章可循的阶段，海域资源配置完全纳入经济体制范畴，并以政府配置为主、市场配置为辅。

这一阶段资源配置特点的表现有：一是海洋经济快速发展为资源配置提供了物质基础。随着海洋开发活动的不断增多，港口、石油、渔业、旅游、矿产、盐业等行业竞相发展，产业规模不断扩大，海域开发利用方式逐渐多样化，我国海洋经济取得了快速增长，企业在利润的刺激下，引发了海洋大开发的热潮。二是法制建设不断完善为资源配置提供了法律基础。为了从根本上遏制海域使用"无序、无度、无偿"的局面，从 20 世纪 90 年代后期开始，国家立法机关启动了海域使用管理立法工作。2000 年，我国海域使用权公开招标的第一例发生在山东海阳市。2001 年 10 月，全国人大常委会审议通过了《海域使用管理法》，建立了海洋功能区划、海域权属管理、海域有偿使用三项基本制度，明确规定海域属于国家所有，单位和个人使用海域从事开发活动（包括养殖在内），必须依法取得海域使用权。2002 年以来，国务院批准实施了《报国务院批准的项目用海审批办法》等 6 个规范性文件；国家海洋局制定或会同财政部制定发布了《海域使用权管理规定》、《海域使用权登记办法》、《海域使用金减免管理办法》等 20 多个规范性文件。沿海 11 个省（自治区、直辖市）已全部出台了地方性法规和政府规章。三是关于海域使用权是否属于物权之辩将资源配置问题引入了民事法律规范的范畴。海域使用权是否属于物权之所以关系到海域资源配置问题，有多方面原因，如在产权方面，海域使用权纳入物权范围，将给海域使用权人的民事权益保护犹如带上一个"护身符"。实际上，在《物权法》的制定过程中，海域物权制度相关条文七易其稿，其中一个讨论的焦点就是海域使用权的性质问题，《物权法》最终形成的相关法律条文明确肯定了海域使用权的物权性质，同时也对海域使用权的基本内容给出了原则性规定。2007 年 3 月，《物权法》正式颁布后，海域使用管理进入了物权管理的阶段。海域作为民法上的物，成为了民事规范的对象。《物权法》就海域物权专门规定了两条（第四十六条、一百二十二条），并确立了海域使用权的用益物权法律地位。《物权法》以民事基本法律的形式确立了海域物权制度，巩固了《海域使用管理法》的立法成果，使得海域资源配置的法律依据更加坚实。

3.1.4 第四阶段（2011 年至今）：发展阶段

在国家严把建设用地"闸门"、坚守 18 亿亩耕地红线的情况下，沿海地区迫切需要向海洋要发展空间，海洋成为缓解土地缺口的重要途径，国家以及沿海地方把资源开发的目光投向了蓝色国土，国务院先后批准了辽宁沿海经济带、天津滨海新区、山东蓝色半岛、江苏沿海开发区、舟山群岛新区、福建海峡西岸、广西北部湾、海南国际旅游岛等一系列沿海区域发展规划，陆续出台了一系列重点产业振兴规划，石化、钢铁、造船、火电、核电等工业项目大规模向沿海地区转移。因此，海域资源配置更受到越来越多的关注和重视。尤其是 2013 年 11 月召开的党的十八届三中全会全面总结了改革开放的成功经验，重新定位了市场和政府之间的关系，并确定了市场在资源配置的决定性作用和地位，市场经济的发展逐步走向深入，海域资源配置得到发展，海域资源配置完全纳入经济体制范畴，并且市场化配置海域资源已成为基本的发展趋势。

　　这一阶段资源配置特点的表现有：一是时任国家海洋局局长刘赐贵在2011年12月26日召开的2011年度全国海洋工作会议的工作报告中，首次提到了海域资源市场化配置，该报告在第二部分（2012年主要工作任务）中的第三个措施"坚持依法管理，大力提升管控能力"中，特别提出"要充分发挥市场在海域资源配置中的基础性作用，实现海域资源性资产的保值增值"。刘赐贵在2012年工作报告中提出"要着力做好海域海岛管理和生态环境保护工作……优化全国海洋监测力量布局与资源配置"。二是国家海洋局成立了国家海洋事业发展高级咨询委员会（简称"高咨委"），并设立了海洋管控能力建设项目，海域资源市场化配置是其中一个研究专题。目前，该项目成果正在编制过程中，即将呈送国家高层决策部门。三是国家海洋局2012年海域使用管理重点工作之一就是要研讨海域资源配置问题，《2012年海域管理工作要点》中明确将"规范使用权出让，发挥市场在海域资源配置中的作用"作为一项基本任务，提出要"充分发挥市场在海域资源配置中的作用，推进经营性围填海、海砂开采用海等海域使用权招标拍卖"。《2013年海域管理工作要点》中，第九项任务就是"大力推进海域使用权市场化配置"，要"按照中央关于更大程度更广范围发挥市场在资源配置中的基础性作用的要求，全面推行旅游、海砂和养殖用海海域使用权的市场化配置"。四是部分沿海省市逐步推进了海域资源市场化配置工作。2011年3月，国务院正式批准了《浙江省海洋经济示范区发展规划》，为推进浙江省海洋管理工作，同年12月，国家海洋局批准浙江省象山县开展了海域使用管理创新试点，其中市场化配置象山县海域资源成为其中一个主要议题。此外，福建省漳州市专门成立了"漳州市海域资源市场化配置工作领导小组办公室"，福建省东山县相继出台了《关于进一步规范公共资源市场化配置工作的意见》、《东山县开展海域资源市场化配置工作的实施意见》等规范性文件，极大地推动了海域资源市场化配置的实践发展。

值得一提的是，在 2013 年 11 月召开的党的十八届三中全会上，对市场与政府的关系进行了重新定位，市场在资源配置中的作用由"基础性"改为"决定性"[176]。这在我国是史无前例的，也是资源配置理论的重大突破。1992 年，党的十四大提出了市场在国家宏观调控下对资源配置起基础性作用，这与当时我国经济体制改革的目标，即建立社会主义市场经济体制是一致的，对当时的我国改革开放和经济社会发展发挥了极为重要的作用。改革开放 30 多年来，我们一直提市场在资源配置中起基础性作用，而实际上起决定性和主导性作用的往往是政府，于是政府的角色就是既做裁判，又做教练当运动员。地立政府以国内生产总值（GDP）总量衡量政绩，是导致产能过剩、城市拥堵和城市雾霾天气等客观现象的主要原因。市场决定海域资源配置，就会充分发挥出市场的活力和动力，会加快海域资源的合理开发和可持续利用的根本目的。

3.2　我国海域资源配置的现状及问题分析

如 3.1 节所述，我国海域资源配置的正式确立，是 2002 年 1 月 1 日《海域使用管理法》的颁布实施，我国海域资源配置有了国家的法律进行确认。自《海域使用管理法》实施以来，各级海洋行政主管部门坚持依法行政，全面实施海洋功能区划、海域权属管理、海域有偿使用等基本制度，积极落实"保基础、保重点、保民生"的方针政策，一定程度上保障了能源、交通等国家重大基础设施和重点行业用海需求，海域资源配置工作日益走上法制化。

但是，当前我国海域使用管理工作中客观存在着行业用海矛盾突出、围填海用海过快过热、海域空间资源粗放利用、岸线资源利用水平低下、海域"招拍挂"中往往竞价高者取得海域使用权以及海域生态环境持续恶化等现象，这些现象实际上反映的是我国海域资源配置存在的一些问题。我国海域资源配置目前主要是行政配置和市场配置，在行政配置中，一些政府部门坚持"唯 GDP 论"的经济发展观，往往过于注重经济效益，忽视环境甚至以牺牲环境为代价去攫取"政绩"；在市场配置中，通常以竞价高者取得海域使用权，海域资源配置的结果与经济效益直接挂钩，海域资源的社会、资源环境等综合价值实际上未得到充分体现。

"没有调查就没有发言权"，为此，2012 年初笔者参与了一项调研，即对《海域使用管理法》实施 10 周年来，辽宁、山东等 11 个沿海省（自治区、直辖市）和大连、青岛、宁波和厦门 4 个计划单列市以及国家海洋局北海分局、南海分局和东海分局 3 个分局，共计 18 个海洋行政主管部门海域使用管理工作的调研，资源配置问题是其中一个重要的调研议题。只有通过调查分析现状和问题，才能对症下药，为解决问题打下基础。而要全面了解海域资源配置过程中的问题，必须从我国沿海地区海域使用管理实践出发，从我国 18 个海洋行政主管部门海域使用管理工作总结中反映出的资源配置中的问题，既代表当前海域资源配置的共性、普遍性，又能代表个性、区域性。经调研和分析，当前我国海域资源配置主要存在以下三个方面的基本问题。

3.2.1 现行海域资源配置法律体系不健全

我国海域资源配置法律体系与海域使用管理法律体系有相通之处，因为海域资源配置法律体系是海域使用管理法律体系的重要组成部分，同时我国海域资源配置法律体系是海域使用管理法律体系的进一步细化。目前，我国海域资源配置法律体系虽然初步形成，但并不健全，主要存在的问题是：资源配置管理规定过于原则，我国海域资源配置法律框架体系不完善。

1）我国海域资源配置的管理规定过于原则化，缺乏可操作性

目前能体现我国海域资源配置管理规定的有两个层次：一个是在海域资源配置法律体系的上端，国家法律层面。《海域使用管理法》在总则第

一条规定了海域资源配置的最终价值取向，即"促进海域的合理开发和可持续利用"，总则第三条对海域资源配置中的产权关系进行了定论，随后规定的海洋功能区划制度、海域权属制度和有偿使用制度给资源配置提供了原则性导向。二是在海域资源配置法律体系的中端，也就是国务院行政法规层面。国务院在 2002—2012 年期间，陆续批准发布了《关于沿海省、自治区、直辖市审批项目用海有关问题的通知》、《省级海洋功能区划审批办法》、《报国务院批准的项目用海审批办法》等 8 个规范性文件，其中直接提到"海域资源配置"的有 2 个文件：《国务院关于全国海洋功能区划的批复》（国函〔2002〕77 号）和《国务院关于全国海洋功能区划（2011—2020 年）的批复》（国函〔2012〕13 号）；涉及海域资源配置的文件还有《国务院办公厅关于沿海省、自治区、直辖市审批项目用海有关问题的通知》（国办发〔2002〕36 号）、《国务院关于国土资源部〈省级海洋功能区划审批办法〉的批复》（国函〔2003〕38 号）、《国务院关于国土资源部〈报国务院批准的项目用海审批办法〉的批复》（国函〔2003〕44 号）。

在这两个层面中，《海域使用管理法》仅对海域资源配置提出了笼统的、抽象的、原则性的规定，在 5 个与海域资源配置方针政策相关的行政法规中，也仅对资源配置的最终目的提出了要求，对于海域资源配置的直接目标，即如何找到"适宜"的海域使用权人，均没有提出具体、明确和可操作性的条款规定。同时《海域使用管理法》实施已经 10 余年，海域资源配置的国内外形势均已经发生了较大的改变，特别是该法在制定时我国整体的市场经济不发达，当时市场在资源配置中仅仅是起"基础性"作用，而如今市场在资源配置中的"决定性"作用已经显现，需启动立法修改工作，以适应海域资源配置工作的需要。

2）我国海域资源配置法律框架体系尚不完善

（1）我国海域资源配置基本的法律依据是《海域使用管理法》、《海洋环境保护法》和《物权法》，三部法律规定了海域资源产权制度、海域有偿使用制度、海域资源市场交易制度、海域使用论证制度、海洋环境影响评价制度等，此外，在《海域使用权管理规定》的第五章"海域使用权招标、拍卖"和第六章"海域使用权转让、出租和抵押"中，对海域流转市场进行了相应规范，上述制度为海域资源配置工作提供了基本的法律依据。总体上讲，我国海域资源配置法律框架体系是以《海域使用管理法》、《海洋环境保护法》和《物权法》3部法律为主干，以国务院、相关部委、国家海洋局和沿海省（直辖市、自治区）关于海域使用管理、海洋环境保护等方面的法律、法规、规章和规范性文件为组成部分的基本格局，涉及海域资源产权制度、海域资源市场交易制度、海域使用论证制度、海洋环境影响评价制度等内容。由于海域资源配置评价制度直接关系着海域资源配置目标的实现，是实现海域资源合理配置的关键，因此构建完善的海域资源配置法律框架体系，还需要有专门的法律或者法规来规范海域资源配置的范围、配置收益的处置、配置评价体系、配置流程等方面内容。该规定的等级可以是法律，也可以是法规，然后在该法的下面再增加关于海域资源配置的配套制度的规范性文件，如海域收储管理制度、海域使用补偿制度等，这在国家现行立法体制下操作是可行的。

（2）国家在海域使用权市场流转管理规定方面还是空白，亟须启动《海域使用权市场流转管理办法》制定工作，以规范我国海域使用权流转一级市场、二级市场和中间市场。如在海域使用权抵押登记办法及登记程序方面，海域使用权抵押是海域资源市场化配置的表现形式之一，而目前《海域使用权登记办法》中虽然规定了一些相关事项，但是由于缺少在实际办理抵押过程中应参照执行的程序及申请审批办法，缺乏对抵押当事人应提交的相关材料文件、海域使用权抵押年限、海域他权证书的使用和管理等相关规定，因此抵押的操作难度较大。特别是在海域使用权抵押融资的实践中，在进行海域使用权抵押前，银行机构一般是通过征求海域使用审批部门意见的方式进行求证。由于海域使用审批部门目前尚未建立规范的海洋使用权的登记管理办法，且没有相应的电子管理系统，档案管理无法满足抵押登记的需要。同时，在对抵押登记中以及抵押登记后发生纠纷的法律责任如何界定方面，也没有相应的规章规定，极大地制约了海域使用权登记工作的开展，对海域资源配置产生了一定影响。

（3）关于行政方式配置海域资源和市场方式配置海域资源各自的范围不是很清晰，也就是说哪些是应该行政配置哪些应该市场配置在界限上还是比较模糊的。例如，在一级市场里，实行招标拍卖的条件是分"应当"和"可以"两种情形，在实践操作中，既会使海洋行政主管部门赋予更大的主观因素在里面，也会给海域使用权人带来心理上的各种准备不足。

（4）在海域资源市场配置和行政配置的一些具体内容缺乏衔接。例如，要对围填海项目实行总量控制，实行围填海计划管理，其中，中央年度围填海计划和地方年度围填海计划如何衔接，尚无规定。在海域使用权证书与土地衔接换证上也无具体操作规定，国家实行了"海域直通车"制度，用海项目凭用海审批手续和海域使用权证书就能办理基本建设项目的立项、审批、开工、监督、验收、登记等相关许可和手续，但是目前国土部门要求填海后的工业用地仍需"招拍挂"，这样获得海域使用权的用海者面临重新"招拍挂"的问题。

3.2.2 海域使用金对海域资源配置的引导和调节功能有限

海域与土地、矿产一样，是重要的自然资源，它的资产价格（或征收标准）应该反映资源的稀缺度，海域资源的价值能得以公平、公正地体现是海域资源配置的重要条件。海域是国有资源性资产，国家作为海域的所有者，应当从海域资源中获得相应的经济利益，这就必须通过海域使用权的有偿出让来实现，其权益的主要体现形式就是国家依法征收海域使用金[177]。海域使用金是国家作为海域自然资源的所有者出让海域使用权应当获得的收益，是资源性国有资产收入[178]。在海域资源的行政配置和计划配置中，国家海域使用金是我国海域资源配置的经济杠杆。在海域资源的行政配置中，海域使用权人按照国家标准缴纳海域使用金，海域使用金所体现出来的海域资源的价值是国家垄断的价格；在海域资源的市场配置中，无论是海域"招拍挂"的竞价收益还是转让金收益，都直接与海域使用金收益挂钩。例如，在海域资源一级市场配置中，竞价收益不得低于按照海域使用金征收标准确定的海域使用金、海域使用论证费、海域测量费和海域评估费等费用的总和，由此可见，海域使用金具有引导和调节海域资源配置的功能。但是，我国海域使用金的动态调整机制不完善，海域使用金征收标准不统一或过低，征收标准体系不够完善，缺乏有效督导等，这些都极大地影响了对海域资源配置引导和调节功能的发挥。

（1）海域使用金动态调整机制不完善。在对 18 个海洋行政主管部门的海域使用管理工作总结进行深入调研和分析后发现，海域使用金动态调整机制的缺失是比较普遍的问题。目前，我国海域使用金征收标准是根据海域类别和海域使用的具体类型确定的，海域使用金调整机制是非常有限的，基本上一个标准制定后多年不改，这也是加剧海域资源贬值的一个重要原因，最终的后果是我国海域国有资产的流失和贬值，以及对海洋经济产业调整上的滞后而导致海洋经济发展的缓慢。因此，海域使用金动态调整机制着重需要关注几个因素或参数：一是与物价上涨相适应；二是与土地价格相适应；三是要与本地经济，尤其是海洋经济发展趋势相适应。只有通过建立海域使用金动态调整机制，才能对海域资源利用结构和空间布局等方面发挥引导作用。

（2）各省（自治区、直辖市）确定的海域使用金征收标准相差较大。以围海养殖用海为例，海口三亚按每年每亩 200～350 元征收，河北省按每年每亩 100 元征收（暂缓增收），天津市大港区分养殖为生的村民、村委会（集体、个体户）、渔业公司三种对象，每年每亩分别征收2元、5元（表3–1）。标准不一虽然反映出是综合考虑了海域使用的多功能性，严格区分开了各类生产性用海和公益性用海，有效体现了区域间的经济水平，但也不利于彰显海域资源价值的公平性和国家宏观管理全国养殖用海活动的规范性。

表3–1　天津市大港区养殖用海海域使用金征收标准（2007年3月1日施行）

计费单位			万元/（年·公顷）			征收方式
	用海类型	收费标准		用海类型	收费标准	
围塘养殖	以养殖为生的村民	0.003	底播和增养殖	以养殖为生的村民	0.001 5	按年征收
	村委会、集体、个体户	0.007 5		村委会、集体、个体户	0.006	
	渔业公司	0.03		渔业公司	0.015	

说明：塘沽区为二等海域；大港区为三等海域；汉沽区为四等海域。

资料来源：《天津市大港区海域使用金征收标准》，2007年3月1日施行。

（3）海域使用金征收标准过低，甚至不足以体现出海域资源的实际经济价值。突出体现在对填海造地的海域使用金征收标准上，目前标准每公顷为30万元到180万元不等（表3–2），使得填海形成土地的成本远远低于直接拿地的成本。由于征收标准偏低，沿海各地逐渐把目光转向了填海造地，呈现速度快、面积大、范围广的发展态势，不仅乱占滥用了有限的海域资源，而且对毗邻海域资源环境造成了破坏，既不利于国有海域资源的保值增值，也不利于国家采用经济手段控制沿海地区不断增多的填海造地活动。

表 3-2　我国海域使用金征收标准　　　　　单位：万元/公顷

用海类型	海域等别	一等	二等	三等	四等	五等	六等	征收方式
填海造地用海	建设填海造地用海	180	135	105	75	45	30	一次性征收
	农业填海造地用海	具体征收标准暂由各省（自治区、直辖市）制定						
	废弃物处置填海造地用海	195	150	120	90	60	37.5	
构筑物用海	非透水构筑物用海	150	120	90	60	45	30	
	跨海桥梁、海底隧道等用海	11.25						
	透水构筑物用海	3	2.55	2.1	1.65	1.2	0.75	
围海用海	港池、蓄水等用海	0.75	0.6	0.45	0.3	0.21	0.15	
	盐业用海	具体征收标准暂由各省（自治区、直辖市）制定						
	围海养殖用海	具体征收标准暂由各省（自治区、直辖市）制定						
开放式用海	开放式养殖用海	具体征收标准暂由各省（自治区、直辖市）制定						
	浴场用海	0.45	0.36	0.3	0.21	0.15	0.06	按年度征收
	游乐场用海	2.25	1.65	1.2	0.81	0.51	0.3	
	专用航道、锚地等用海	0.21	0.18	0.12	0.09	0.06	0.03	
其他用海	人工岛式油气开采用海	9						
	平台式油气开采用海	4.5						
	海底电缆管道用海	0.45						
	海砂等矿产开采用海	4.5						
	取、排水口用海	0.45						
	污水达标排放用海	0.90						

资料来源：财政部、国家海洋局发布的《关于加强海域使用金征收管理的通知》（财综〔2007〕10 号附件 2）。

（4）海域使用金的使用缺乏有效的监管。目前海域使用金主要用于海域整治、保护和管理，范围包括海域使用管理政策、法规、制度、标准的研究和制定，海域使用区划、规划、计划的编制，海域使用调查、监视、监测与海籍管理，海域使用管理执法能力装备及信息系统建设，海域分类定级与海域资源价值评估，海域、海岛、海岸带的整治修复及保护，海域使用管理技术支撑体系建设和海域使用金征管及海域使用权管理，但海域使用金是否真的用在开展海域整治、保护和管理上，地方海域使用金如何使用，缺少有效的监管机制。实际上，之所以要开展海域整治，也正是由于过于重视海域使用金收益而忽视了海域开发利用对所在海域资源生态系统的破坏而采取的一种补救措施。

3.2.3 我国海域资源市场化配置进程滞后

《海域使用管理法》确定了海域权属制度，设置了行政审批和招标拍卖两种取得海域使用权的基本形式，这两种形式也是我国海域资源行政配置和市场配置的主要表现形式。当前我国海域资源配置方式相对单一，主要依赖行政配置海域资源，海域使用"招拍挂"比例与行政审批比例相差很大，市场化配置进程滞后，这种现状与党的十八届三中全会提出的市场要在资源配置中起"决定性"作用的要求有差距。

（1）在海域资源配置的一级市场中，海域使用权的取得主要是靠行政审批，行政配置占据着绝对优势。

以全国 2005—2012 年 11 个沿海省市的海域使用确权面积数据为统计口径进行分析，见表 3 - 3。

表 3 - 3　2005—2012 年行政审批方式和"招拍挂"方式确权情况

年份	确权		行政审批方式确权			"招拍挂"方式确权		
	个数（个）	面积（hm²）	个数（个）	面积（hm²）	占面积的百分比（%）	个数（个）	面积（hm²）	占面积的百分比（%）
2005	6 887	272 555.32	6 822	266 316.76	97.71	65	6 238.56	2.29
2006	8 759	227 318.41	8 658	220 139.84	96.84	101	7 178.57	3.16
2007	6 037	244 639.26	6 022	242 012.28	98.93	15	2 626.98	1.07
2008	9 120	225 432.31	9 030	215 178.24	95.45	90	10 254.07	4.55
2009	5 327	178 366.86	5 287	173 745.97	97.41	40	4 620.89	2.59
2010	2 481	193 769.16	2 445	187 480.51	96.75	36	6 288.65	3.25
2011	3 874	185 946.16	3 754	164 819.38	88.64	120	21 126.78	11.36

续表

年份	确权		行政审批方式确权			招拍挂方式确权		
	个数（个）	面积（hm²）	个数（个）	面积（hm²）	占面积的百分比（%）	个数（个）	面积（hm²）	占面积的百分比（%）
2012	2 418	283 385.50	2 348	271 689.85	95.87	70	11 695.65	4.13
合计	44 903	1 811 412.98	44 366	1 741 382.83	96.13	537	70 030.15	3.87

资料来源：国家海洋局发布的 2005—2012 年历年《海域使用管理公报》。

对表 3-3 反映出的数据进行统计分析后可以看出当前我国海域使用权的一级市场内部的分配比例情况。2005—2012 年期间，总共确权个数为 44 903 个，确权面积为 1 811 412.98 hm²，其中行政审批确权个数为 44 366 个，确权面积为 1 741 382.83 hm²，占确权总面积的 96.13%；招标拍卖形式确权个数为 537 个，确权面积为 70 030.15 hm²，占确权总面积的 3.87%。以行政审批方式确权的总面积是以招标拍卖形式确权的总面积的 24.87 倍，如图 3-1 所示。

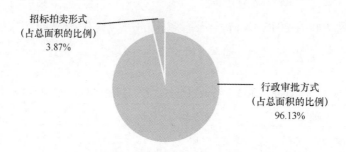

图 3-1　海域资源配置统计情况（2005—2012 年）

资料来源：国家海洋局发布的 2005—2012 年历年《海域使用管理公报》

以全国 2005—2012 年 11 个沿海省市的海域使用确权个数为统计口径进行分析。

对表 3-3 反映出的数据进行统计分析后可以看出在 2005—2012 年期间，以行政审批方式确权的总个数为 44 366 个，占确权总个数的 98.8%，以招标拍卖形式确权的总个数为 537 个，占确权总个数的 1.2%。行政审批方式确权的总个数与招标拍卖形式确权的总个数对比如图 3 - 2 所示。

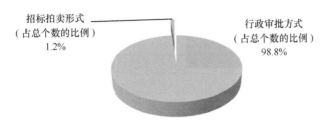

图 3 - 2　海域资源配置统计情况（2005—2012 年）

资料来源：国家海洋局发布的 2005—2012 年历年《海域使用管理公报》

（2）行政配置海域资源（行政审批确权）的总面积整体在下降，市场配置海域资源（"招拍挂"方式确权）的总面积整体上虽上升，但趋势非常不明显。

依据 2005—2012 年行政审批方式和"招拍挂"方式确权情况表（表 3 - 3），2005—2012 年期间，以行政审批方式确权的总面积的变化曲线呈波浪形。其中，2007 年最高，达到 98.93 %，2011 年最低，为 88.64%，平均数为 96.13%；以招标拍卖形式确权的总面积的变化曲线也呈波浪形。其中，最高的时期是 2011 年，达到 11.36%，2007 年最低，为 1.07 %，平均数为 3.87%，如图 3 - 3 所示。

（3）行政配置海域资源（行政审批方式确权）的总个数整体在下降，市场配置海域资源（"招拍挂"方式确权）的总个数整体虽上升，但趋势仍不明显。

依据 2005—2012 年行政审批方式和"招拍挂"方式确权情况表（表 3 - 3），2005—2012 年期间，以行政审批方式确权的总个数变化曲线呈下降型。其中，2007 年最高，达到 99.75%，2011 年最低，为 96.9%，平均数为 98.80%；以招标拍卖形式确权的总个数变化曲线则呈波浪形。其中，

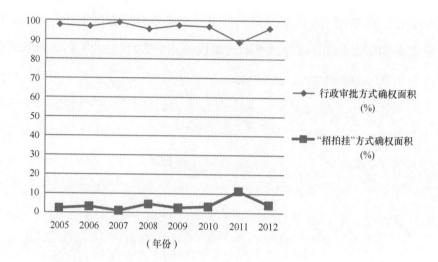

图 3 - 3　海域资源配置确权面积百分比（2005—2012 年）

资料来源：国家海洋局发布的 2005—2012 年历年《海域使用管理公报》

最高的时期是 2011 年，达到 3.1%，2007 年最低，为 0.25%，平均数为 1.2%，如图 3 - 4 所示。

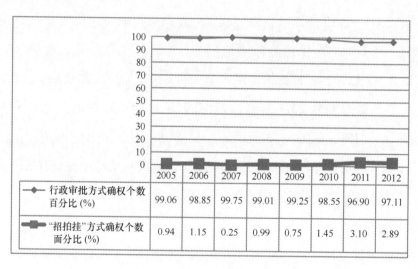

	2005	2006	2007	2008	2009	2010	2011	2012
行政审批方式确权个数百分比 (%)	99.06	98.85	99.75	99.01	99.25	98.55	96.90	97.11
"招拍挂"方式确权个数面分比 (%)	0.94	1.15	0.25	0.99	0.75	1.45	3.10	2.89

图 3 - 4　海域资源配置确权个数百分比（2005—2012 年）

资料来源：国家海洋局发布的 2005—2012 年历年《海域使用管理公报》

总之，现行海域资源配置法律制度不健全，海域使用金对海域资源配置的引导和调节功能未充分发挥，一定程度上忽视了对社会效益、海域资源和生态环境效益等的影响，甚至海域资源开发利用带来的经济收益无法弥补给资源环境造成的损失，依靠这种方式配置出来的海域使用权人实际上并不是最"适宜"的，反而妨碍了海域资源的合理开发和可持续利用，海域资源的综合效益也没有最大化发挥。并且，当前我国海域资源配置是以行政配置为主，海域资源市场化配置进程非常滞后，这显然是与党的十八届三中全会之前要求的市场在资源配置中起"基础性"作用相对应的。随着市场经济的快速、健康发展，市场配置我国海域资源已经成为基本的发展趋势，这也客观上要求我们必须转变传统的海域资源配置方式，充分发挥市场在资源配置中的"决定性"作用，实现海域资源配置综合效益的最大化。因此，要实现海域资源配置的直接和最终目标，需要深入研究海域资源的配置方法，进而为国家配置海域资源工作提供技术支撑和管理支撑。

3.3 本章小结

只有深入了解历史、厘清现状，才能更好地展望未来。因此，本章从我国海域用管理实践出发，以海域资源配置的基本属性作为判断标准，对我国海域资源配置的发展历程进行了回顾。可以看出，在我国海域资源配置发展历程中，海域使用管理实践是海域资源配置发展的"导火索"，海域使用管理实践引领着海域资源配置的发展进程。为了分析问题，本研究还就海域资源配置问题进行了调研，对国家颁布的历年数据进行了全面论证分析，以使总结出来的海域资源配置中的三个基本问题更加具有普遍性和权威性。这些问题也是海域资源配置方法所要着重解决的问题。本章成果为研究海域资源配置方法打下了基础。

4

我国海域资源配置方法的法律依据

海域资源配置方法的依据是多方面的，既有法律层面的依据，又有国家的区划、规划、政策以及经济学理论，构设我国完善的海域资源配置方法，必须遵守上述依据。从篇幅的角度考虑，本书从法律依据（第4章）和政策理论（第5章）两个层次对构设我国海域资源配置方法的依据体系进行了考量。本章探讨海域资源配置方法的法律依据问题。

4.1 我国海域资源配置法律体系的基本组成

根植于资源配置活动中的法律既承担着维系社会正义的职能，还负有推动资源有效配置、促进社会经济财富增长的职能[179]。我国海域资源配置法律体系既是海域使用管理法律体系的重要组成部分，也是海域使用管理法律体系的进一步细化。我国海域资源配置法律体系是以《海域使用管理法》、《海洋环境保护法》和《物权法》3部法律为主干，以国务院、相关部委、国家海洋局和沿海省（直辖市、自治区）关于海域使用管理、海洋环境保护等方面的法律、法规、规章和规范性文件为组成部分的基本格局，其主要内容涉及海域资源产权制度、海域有偿使用制度、海域资源市场交易制度、海域使用论证制度、海洋环境影响评价制度等方面。这些制度是对海域资源配置起到的功能的具体表现是不同的，在构设我国海域资源配置方法时对这些制度必须充分尊重、区别对待。

4.1.1　国家法律层次

国家法律层次是指全国人大及其常委会制定的规范性文件，包括《海域使用管理法》、《海洋环境保护法》和《物权法》。1993 年，国家海洋局和财政部联合出台了《国家海域使用管理暂行规定》，海域使用管理从此有章可循了；2001 年，全国人大常委会审议通过了《海域使用管理法》，海域使用管理实现了有法可依。《海洋环境保护法》于 1982 年 8 月 23 日第五届全国人民代表大会常务委员会第二十四次会议通过，1999 年 12 月 25 日第九届全国人民代表大会常务委员会第十三次会议修订，自 2000 年 4 月 1 日起施行。2007 年，国家出台了《物权法》，以民事基本法的形式，确立了海域物权制度。

上述 3 部法律为海域资源配置提供了基本的法律依据，尤其是前两部法律相辅相成、相互协调，共同担负着保护海洋环境和海域资源的重任[180]。具体来说，《海域使用管理法》第一条就明确规定立法的目的是"促进海域资源合理开发和可持续利用"，这也是海域资源配置的最终目标。《海域使用管理法》所确立的我国海域使用管理三大基本制度，即权属制度、海洋功能区划制度、有偿使用制度也是海域资源配置必须遵守的法律制度。《海域使用管理法》对海域资源配置中的产权关系、市场交易（一级市场、二级市场）、海域使用论证等作出了原则性的规定，对海域资源配置提出了原则要求。《海洋环境保护法》主要是为保护和改善海洋环境，保护海洋资源，防治污染损害，维护生态平衡，保障人体健康，促进经济和社会的可持续发展而制定的，其中"海洋环境影响评价制度"的建立和"可持续发展"理念，成为开展海域资源配置的重要依据。《物权法》确认了海域使用权的用益物权性质，将极大地保护海域使用权人的合法权益。

4.1.2 法规层次

法规主要是指国务院、地方人大及其常委会、民族自治机关和经济特区人大制定的规范性文件。在海域使用管理方面，国务院批准发布了《国务院办公厅关于开展勘定省县两级海域行政区域界线工作有关问题的通知》（国办发〔2002〕12号）、《关于沿海省、自治区、直辖市审批项目用海有关问题的通知》（国办发〔2002〕36号）、《省级海洋功能区划审批办法》（国函〔2003〕38号）、《国务院关于全国海洋功能区划（2011—2020年）的批复》（国函〔2012〕13号）等8个规范性文件，内容涉及海域勘界、海域使用申请审批、海洋功能区划等。在海洋环境保护方面，国务院颁布了《海洋石油勘探开发环境保护管理条例》、《海洋石油勘探开发环境保护管理条例实施办法》、《对外合作开采海洋石油资源条例》、《防止船舶污染海域管理条例》等。同时，沿海地方人大及其常委会依据《海域使用管理法》、《海洋环境保护法》和《物权法》，制定了地方的海域使用管理条例，也是海域资源配置重要的法律依据。

4.1.3 部门规章、规范性文件层次

十几年来，国家海洋局和沿海地方人民政府依据《海域使用管理法》、《海洋环境保护法法》、《物权法》等法律法规，出台了海域和海洋环境保护管理方面的一系列规章、规范性文件，建立了海域使用管理和海洋环境管理配套法规体系，为海域资源配置提供了较为详细的可操作性、规范化的依据。

在海域使用管理方面，国家海洋局为规范海域使用管理，制定了《海洋功能区划管理规定》、《海域使用权管理规定》、《海域使用论证管理规定》等20多个规范性文件；2006年和2007年，联合财政部出台了《海域使用金减免管理办法》（财综〔2006〕24号）和《关于加强海域使用金征

收管理的通知》（财综〔2007〕19 号）；2008 年，联合监察部、原人事部、财政部出台了《海域使用管理违法违纪行为处分规定》（监察部、人事部、财政部、国家海洋局令第 14 号）；2009 年，联合国家发展和改革委员会出台了《关于加强围填海规划计划管理的通知》（发改地区〔2009〕2976号）；2010 年，联合国土资源部出台了《关于加强围填海造地管理有关问题的通知》（国土资发〔2010〕219 号）等。国家海洋局为规范海洋环境管理，下发了关于发布《海洋自然保护区管理办法》的通知（国海法发〔1995〕251 号）、关于印发实施《海洋自然保护区管理技术规范》的通知（国海环字〔2004〕560 号）、关于印发《海洋特别保护区管理暂行办法》的通知（国海发〔2005〕24 号）、《关于进一步规范海洋自然保护区内开发活动管理的若干意见》（国海发〔2006〕26 号）等，全面涉及了海洋生态保护、海洋石油平台、海洋工程、海洋环境保护应急管理、海洋倾废等内容。

与此同时，地方立法也在积极推进，沿海 11 个省市都出台了地方涉及海域使用管理和海洋环境保护方面的政府规章，制定了上百个规范性文件，与《海域使用管理法》、《海洋环境保护法》、《物权法》相抵触的各类规章制度也得到了全面清理。

实际上，我国海域资源配置的法律体系虽然初步形成，但并不健全（在本书第 3 章第 3.2.1 节有详细论述），我国海域资源配置中既要充分遵守我国海域资源配置法律框架体系，同时也要通过实践不断完善。

4.2 海域资源配置法律体系的主要内容

从纵向看，海域资源配置法律体系由《海域使用管理法》等相关法律法规和配套制度组成；从横向看，海域资源配置法律体系则有各项法律法规所规范的基本制度组成。我国海域资源配置法律体系的主要内容包括海域资源产权制度、海域有偿使用制度、海域资源市场交易制度、海域使用论证制度、海洋环境影响评价制度等。

4.2.1　海域资源产权制度

4.2.1.1　产权

产权不是指人与物的关系，而是基于物的存在和被使用所引起的人们之间相互认可的行为关系[181]。产权从字面上理解就是财产权，在本质上是一种排他性的财产权利。产权是由许多权利所构成，包括财产的所有权以及基于所有权而派生出来的占有、使用、处分、收益权利。这四项权利既为人们相互认可或由社会所认可，同时具有排他性。因而，产权反映的是人们之间基于财产而发生的相互关系。产权是有效利用、交换、保存、管理资源和对资源进行投资的先决条件，产权与价格和市场机制密不可分，市场交易实质是产权的交易，因此，作为经济制度基础的产权制度是资源配置的核心构成，正常的市场机制通常是资源在不同用途之间和不同时间上配置的有效机制。

在市场经济条件下，资本、土地、劳动力和技术这些生产要素的交易是产权之间的互换，要想使得交易成功，其首要条件便是这些生产要素或者组成的产品的产权是明确的；反过来说，如果交换的要素或者产品的产权不清晰的话，交易必然发生中断。因此，市场的形成是以产权的明晰为前提的，能够保证经济高效率的产权应该具有以下特征：清晰性、排他性、可转让性。

对于海域资源配置来说，谈及产权主要是海域的产权问题，也就是海域所有权和海域使用权，海域所有权和海域使用权构成了海域产权的基本内容。当前我国清晰的海域产权格局为促进我国海域资源的合理配置起到了至关重要的作用。

4.2.1.2　海域所有权

国家海域所有权属于财产所有权的范畴，是一种完全排他性的权利。

在我国，海域所有权的主体是国家，国家作为海域的所有者，对海域享有占有、使用、收益和处分等权利。我国设立国家海域所有权，既是海域使用管理实践发展的必然结果，也是维护国家海域所有权的利益，保障海域公共利益实现的必要。

海域所有权的内容主要包括：第一，海域所有权是完全的、排他性的权利。我国海域的国家所有权是一种完全物权，国家作为唯一主体依法对国家所有的海域行使占有、使用、收益、处分等权能。同时，海域所有权又具有排他性，国家作为海域所有权的唯一主体，任何单位或者个人不得侵占、买卖或者以其他形式非法转让海域。第二，海域所有权有别于海域主权。主权是与国家相对应的，主权的主体是国家，主权是指国家对其领土范围内的一切人、物、事的排他性管辖权，包括独立权、平等权、自卫权和管辖权。海域主权是主权的一种类型，《联合国海洋法公约》赋予了沿海国在内水和领海上的主权，这种主权就是海域主权，也是一种完全主权。该主权覆盖范围包括这一海域的上空、水面、水体、海床和底土，国家拥有海域的主权就意味着国家拥有了在这些水域的排除外国干预的权利。海域主权具有以下特点：作为海域主权之权利主体的国家是一个政治组织而不是经济组织；海域主权的排他效力是仅仅针对其他国家而言；海域主权的客体即海域为统一的整体；国家享有海域主权意味着国家对海域的全面支配和控制；海域的国家主权不能被理解为一种由政府享有并排斥国内民众利用海域的权利。简而言之，海域所有权不等于海域主权，海域主权针对的对象是外国，海域所有权主要针对的是国内各民事主体。第三，海域所有权的行使也受到一定条件限制。国家作为海域所有权的主体，在行使各种具体权能时，不能为了仅满足某些特定主体或者某些经济集团的利益而损害公共利益。国家行使权能的目的主要是为了满足一般公众的利益，不能为了某些特定人的利益而随意处分、支配海域，更不能为了某些特殊利益，妨害了一般公众对海域的开发和利用。

国家海域所有权既有财产所有权的一般属性特征，还具有以下几个显著的特征。

（1）海域所有权具有主体唯一性。《海域使用管理法》第三条规定，"海域属于国家所有，国务院代表国家行使所有权"。因此，国家对海域享有独占的垄断支配权，国家是唯一的主体，就完全排除了其他人或单位成为海域所有权人的可能性。同时，我国所有海域都是国家所有权的客体，国家作为海域所有人，任何单位或者个人不得侵占、买卖或者以其他形式非法转让海域；国家在依法占有、使用、收益和处分海域时，不受其他组织或个人的妨碍和干涉。

（2）海域所有权具有高度统一性。按照《海域使用管理法》第三条规定，只有国务院才能代表国家行使海域所有权，县级以上地方政府只能根据国务院的授权分级行使海域所有权[182]。但由于国家虽享有海域所有权，却是政治实体，因此不可能对海域进行直接开发和利用。为了切实实现海域所有权的占有、使用、收益、处分四项具体权能，国家迫切需要将海域的使用权能从所有权中分离出来，由集体经济组织、法人或者个人等非所有权人来行使使用权能，以实现海域资源的有效利用。《海域使用管理法》规定，国务院授权各级人民政府行使审批权，以行政审批和招标拍卖两种实际方式来确认海域使用权。

（3）海域所有权具有公共性。《海域使用管理法》确定了有偿使用制度，以实现国家海域所有权中的收益权能。然而，国家以公共管理者的身份对海域实施行政管理，既是有资格拥有海域资产的政治实体，也是有资格拥有海域的经济实体；国家行使海域所有权时，不是纯粹为了保证国有资产保值增值的目标，还需要最大程度地实现其收益权，如国防安全、公益事业、环境保护等政治效益和社会效益[183]。

4.2.1.3 海域使用权

《海域使用管理法》第三条规定，单位和个人使用海域，必须依法取得海域使用权。海域使用权是海域所有权分解出来的一种权利，通过行政审批或者招标拍卖等形式取得的海域使用权人，对该海域依法享有使用、收益和限制性处分的权利。按照"一物一权"的基本原则，同一海域不容许设立两个或两个以上内容相同的海域使用权。海域使用权人的活动不受任何非权利人干预，非经海域使用权人同意任何人不允许使用该海域，也不能妨碍海域使用权人依法行使该权利，包括海域所有权人也不能随意进行干涉。当海域使用权的行使受到妨害或存在被妨害的危险时，海域使用权人可以主张物上请求权，请求对方为或不为一定的行为，以保护自己的合法权益。《物权法》进一步确认海域使用权是财产权利的一种，从而将海域由公法上的自然资源或者国际法上的主权客体，转变成为私法上的物权客体[184]，运用私法的手段来调整海域利用活动，这无疑是对传统权利体系的重大突破，此外，关于海域使用权的特征还需要从《物权法》的视角进行考量。海域使用权具有以下特征。

（1）海域使用权是民事权利的一种。尽管海域的主体是国家，但国家为了发挥海域的使用价值、提高海域开发利用效率，还需要创设各种权利，以提高对海域的综合利用能力，在最大范围内使得国有资产能保值和增值。此时，国家将特定海域的使用收益权转让给公民、法人，从而产生了海域使用权。海域使用权是在国家海域所有权基础上产生的，属于民事权利的范畴。

（2）海域使用权具有直接支配性。海域所有权对物的支配权有直接支配权和间接支配权两种。间接支配权，例如质押权，而直接支配权则无需借助第三方来实现。海域使用权的支配性是在海域所有权基础上产生的，是国家基于行政审批职能和市场"招拍挂"等方式获得的，权利人获得海域使用权后，可以直接占有该海域进行自主经营、从事海洋开发利用活动并取得经济利益。

（3）海域使用权具有排他性。《海域使用管理法》第二十三条第一款明确规定，任何单位和个人不得侵犯海域使用权人依法使用海域并获得收益的权利，海域使用权一旦取得，就具有法定性，任何单位和个人都不得非法妨碍其正当行使权利。排他性具体表现在两个方面：一方面，海域使用权作为用益物权，法律赋予权利人排斥他人干涉的权利，海域使用权人对其占有的特定海域具有实施一定期限的、排他性的占有权、控制权；另一方面，依据"一物一权"原则，在特定海域上一旦设立海域使用权后，不允许另行再设立其他有类型的或者有相同内容的用益物权[185]。

（4）海域使用权具有不完全性。《海域使用管理法》第二十三条第二款明确规定，海洋功能区划是设定海域使用权的前提，海域使用权人不得擅自改变经批准的海域用途，要依法保护和合理使用海域，不得阻碍那些不妨害其依法使用海域的非排他性用海活动，在行使权利过程中接受行政机关的直接管理、监督。如有违法行为发生，行政机关可以根据法律规定行使行政处罚权。

（5）海域使用权是用益物权。当前，我国用海活动日益频繁，用海方式不断增多，海洋经济在国民经济中的地位日益增加，海域使用管理的各种理论在不断发展和完善，从明确海域产权关系、实行海域有偿使用、加强海域使用权人合法权益保护、转变政府行政审批职能等制度构建上看，没有哪种制度比用益物权制度更适合海域使用权的权利体系构建[186]。在《物权法》的制定过程中，海域物权制度相关条文七易其稿，其中一个讨论的焦点就是海域使用权的性质问题，最终施行的《物权法》明确肯定了海域使用权的用益物权性质。物权是以直接支配为内容的权利，支配对象是物，支配目的是收益权，支配具有排他性。《海域使用管理法》第三条第二款规定，单位和个人使用海域，必须依法取得海域使用权。作为海域使用权客体的海域具有物质性、可用性、可直接支配性和稀缺性，海域已经具有民法意义上物的特征，海域使用权也因此具有物权的基本特征。海域使用权是独立的他物权。海域使用权来源并独立于海域所有权，由于由国务院直接行使海域所有权的使用权能并无可能，因此，只有建立属于他物权性质的海域使用权，才能真正体现海域作为民法上的物的价值。海域使用权是海域所有权的四个主要权能之一，是各种民事主体按照《海域使用管理法》的法定程序，对国家所有海域享有的使用、收益和有限制性处分的权利[187]。海域使用权是以使用、收益和限制性处分为内容的用益物权。用益物权与担保物权处于同一类别，下属于他物权。《海域使用管理法》规定："海域使用权人依法使用海域并获得收益的权利受法律保护，任何单位和个人不得侵犯。"（《海域使用管理法》第二十三条第一款）可见海域使用权是以使用、收益为主要内容的。实际上，海域使用权的取得，就是以使用和收益海域为目的，但其处分权受到法律规定的各种限制，如在海域使用权转让上的限制。海域使用权是以海域为客体的用益物权。智慧成果和财产权不能成为用益物权的客体，用益物权的客体是物，而且是他人之物。海域使用权的客体为海域，海域使用权是以海域为客体的，以使用、收益和限制性处分为内容的用益物权[188]。

4.2.1.4 我国海域所有权和海域使用权分离机制

早期，我们片面强调国家海域的主权维护而忽视了海域经济价值的实现，海域所有权权能的可分离性并未彰显。那个时期，海域所有权与海域使用权基本上是处于等同地位，而海域使用权制度自然也未确立，对海域的开发利用基本上处于一种自然、任意、无序、无度的状态。因此，早期的产权制度是所有权和使用权不分、产权不清，这也是导致早期"无序、无度、无偿"用海现象的根本原因。

改革开放以后，随着人们对海洋价值认识的进一步深化，我国海洋开发力度进一步加大，国家开始逐步实施了海域行政许可制度和海域有偿使用制度，海域使用权人在取得海域使用权后可以使用海域及其资源，从事海洋生产经营活动，从而获得一定的经济利益，其中包括占有、使用和收益权等。海域使用权是从海域所有权派生出来的权利，国家作为海域的所有者，是可以直接使用某一海域的，然而也受到一定条件的限制，国家不可能把所有海域的经营垄断起来，而必须分散给经营者经营。经营者通过一定的法律程序和支付一定的海域使用金后，就取得了相应海域的使用权。因此，随着海域使用管理实践的发展，我国海域资源产权制度得到了充分发展，并逐步实现了我国海域所有权和海域使用权相分离的机制。《海域使用管理法》以法律的形式确立了海域所有权和海域使用权制度，其意义至关重大，是我国海域使用管理法制化进程中的一个重大跨越[189]。

（1）海域所有权和海域使用权分离具有法律和理论依据[190]。按照《宪法》第九条规定，我国的自然资源，如矿藏、水流、森林、山岭、草原、荒地、滩涂等，都属于国家所有。与《宪法》相对应，我国《海域使用管理法》也明确规定海域属于国家所有，代表国家行使海域所有权的主体为国务院。而海域使用权是一种自然资源使用权，是从海域所有权上派生出来的一种财产权利，海域使用权人可以基于其权利，对特定的海域的使用价值进行开发利用、收益和限制性处置，来获取一定的利益，实现经济上的目的。海域使用权是国家所有权与其所附带的使用权能分离的一种表现形式，从性质上讲是他物权，并且是一种以海域的使用价值为其内容的用益物权。2007年3月，《物权法》由十届全国人大第五次会议表决通过，以民事基本法的形式确立了我国海域物权制度。这是我国海域物权制度建设的一个里程碑。《物权法》在"所有权"篇第四十六条规定"矿藏、水流、海域属于国家所有"，在"用益物权"篇第一百二十二条专门规定"依法取得的海域使用权受法律保护"，进一步明确了海域使用权派生于国家海域所有权，是基本的用益物权。

（2）海域所有权和海域使用权相分离的具体表现形式有：两者的主体不同，两者包含的具体内容不同。在主体上，海域所有权的主体唯一，国家为海域所有权的主体，这也已经被立法所肯定；海域使用权的主体则多样化，按照《海域使用管理法》的规定，可为单位、个人和农村集体经济组织或者村民委员会等。在具体内容上，海域所有权强调海域资源的权属，其主体唯一性克服了我国长期以来在海域权属问题上存在的一些模糊认识。而海域使用权强调海域资源的价值，通过海域有偿使用制度，征收一定数额的海域使用金，体现和实现海域资源的基本价值。

（3）两者实行分开管理是海域使用管理实践的进步。早期的海域资源权属不清，是导致海域使用管理"无偿、无序、无度"的主要原因，如今海域属于国家所有，任何单位和个人不得侵占、买卖或者以其他方式非法转让海域，国家实行海域所有权和海域使用权相分离，这不仅能正本清源，纠正传统思想上的错误认识，而且有助于树立海域国家所有的意识和有偿使用海域的观念，使国家的所有权权益能在经济上得到保障，确保了海域资源的保值和增值。

4.2.2　海域有偿使用制度

《海域使用管理法》第三十三条规定："单位和个人使用海域，应当按照国务院的规定缴纳海域使用金。"海域使用金是国家以所有者的身份，出让海域使用权时取得的对价，因此，海域使用金既不属于行政性收费，更不是一般的税收，而是国家凭借资产权利征收的财政收入，属于权利金范畴，纳入一般财政预算，不列入国家公布的行政事业性收费项目目录中[191]。缴纳海域使用金，是使用海域的单位和个人应尽的法律义务。根据《关于加强海域使用金征收管理的通知》（财综〔2007〕10号文），海域使用金根据不同的用海性质或情形，可以一次缴纳或按年度逐年缴纳，符合法定条件的还可以申请减免。海域使用金由海洋部门负责征收，中央与地方三七分成，实行收支两条线。海域使用金的减免由单位和个人申请，海洋部门提出初审意见，财政部门审核，最后由两部门联合发文批准。

当前海洋经济占国民经济的比例越来越大，经核算，2013 年全国海洋生产总值已经达到 54 313 亿元，比上年增长 7.6%，海洋生产总值占国内生产总值的比重达 9.5%。实际上，纵观 2005—2013 年以来全国历年海域使用金收入情况（表 4-1），以"征收标准"的统计为途径，可以清楚地归纳出海域使用项目的用海类型、海域类别、缴款单位等重要因素，因而反推出某一区域海域开发的过程现状。

表 4-1　海域使用金和全国海洋生产总值情况（2005—2012 年）

年份	海域使用金（万元）	全国海洋生产总值（亿元）	国内生产总值（亿元）	海洋生产总值占国内生产总值比重（%）	海洋生产总值增长速度（%）
2005	105 213.97	17 655.6	184 937.4	9.55	16.3
2006	157 474.50	21 592.4	216 314.4	9.98	18.0
2007	295 867.89	25 618.7	265 810.3	9.64	14.8
2008	589 018.12	29 718.0	314 045.4	9.46	9.9
2009	786 251.54	32 277.6	340 902.8	9.47	9.2
2010	907 374.33	39 572.7	401 512.8	9.86	14.7
2011	964 493.47	45 496.0	472 881.6	9.62	9.9
2012	968 468.50	50 087.0	519 322.0	9.60	7.9
2013	1 089 241.12	54 313.0	568 845.0	9.50	7.6

资料来源说明：国家海洋局公布的 2005—2013 年历年的《海域使用管理公报》以及《海洋经济统计年鉴 2013》。其中，2013 年海洋生产总值的数据来源于 2014 年 3 月 11 日国家海洋局召开的《2013 年中国海洋经济统计公报》新闻发布会，2013 年征收的全国海域使用金数据来源于 2014 年 3 月 20 日国家海洋局正式对外发布的《2013 年海域使用管理公报》。

可见，海域使用金既是海域资源价值的体现，也是海洋经济发展的晴雨表，是海洋经济统计核算的一个最重要且最基本的评价指标。同时，海域使用金也是资源配置交易市场制的调节器，海域使用金因其在一级市场和二级市场交易中的地位和作用，已经成为我国海域资源配置的经济杠杆。

4.2.3 海域资源市场交易制度

4.2.3.1 资源市场交易制度是海域资源配置的核心构成

市场作为买卖双方进行商品交换的场所，由商品市场和要素市场组成，市场是由一切具有特定需求并且愿意和能够通过交换的方式满足需求的有机构成体。具体来说，商品市场的客体是各种生产资料、消费品和服务；要素市场的客体是生产要素，如物质要素、劳动力要素、知识性要素（物质要素包括资本土地等；知识性要素包括信息、技术等）。如前所述，交换的实质是产权的互相让渡，市场交换的前提是产权必须清晰，否则既使得海域使用权人无法自主经营，还会产生不必要的财产纠纷，甚至产生深层次的社会矛盾。

我国海域资源市场交易制度主要是指海域使用权的流转制度。海域使用权的流转包括海域使用权一级市场、海域使用权二级市场和海域使用权中间市场三个层次。海域使用权一级市场是国家依法将其海域使用权有偿转让给海域使用者之间的交易关系，海域使用权一级市场主要包括行政审批和招标、拍卖、挂牌出让方式。海域使用权二级市场是海域使用者在使用期限内依法将海域使用权再转包给第三者的交易关系，主要包括转让、出租、抵押、继承等。海域使用权中间市场主要是处于一级市场和二级市场之间，主要包括贷款、投资等。

在分工与合作高度日益深化的现代社会里，资源要实现最优配置，需要发挥市场的决定性作用。通过市场交易，资源能够配置到最能发挥其价值的生产经营者手中，商品能配置到发挥效用最大的消费者手中。从海域资源交易的实质看，在海域实行国有制的前提下，进行海域资源的流转，主要是海域使用权人基于所有权而派生出来的自由支配、使用和处置海域的权利。在我国，无论是一级市场还是二级市场，在产权清晰的前提下，海域使用权的互相让渡构成了资源配置的核心内容，海域市场交易机制是海域资源配置市场机制的核心构成。

4.2.3.2 海域资源配置的一级市场的表现形式

《海域使用管理法》第三条第二款明确规定："单位和个人使用海域，必须依法取得海域使用权。"其第三章的第十六条至第十八条和第四章的第二十条分别规定了取得海域使用权的两种方式：海域使用申请审批方式和海域使用权招标、拍卖方式。其中，申请审批方式是现阶段获得海域使用权的主要方式。

1) 行政审批

海域使用申请是指公民、法人和其他组织向县级以上人民政府海洋行政主管部门提出拟获取特定海域使用权利的正式意思表示。《海域使用管理法》规定，单位和个人可以向县级以上人民政府海洋行政主管部门申请使用海域。因此，公民、法人和其他组织拟使用特定海域从事排他性用海活动的，可以向海洋行政主管部门提出用海申请；用海申请一经提出，有管辖权的海洋行政主管部门就负有依法审查其申请材料并做出相应决定的义务。

海域使用申请人是有用海需求的单位和个人，需要提交申请的用海活动有时间限制，即排他性用海活动必须持续使用 3 个月以上，海域所在的位置也须是在我国的内水、领海范围之内。对于临时海域使用，如 3 个月以下的挖砂、油气勘探、教学科研、季节性旅游、海上抢险救助及建设项目施工阶段的临时用海活动等，具体的申请审批办法按国家海洋局发布的《临时海域使用管理暂行办法》执行。海域使用申请应当以书面形式提出。海域使用申请一般应当到海洋行政主管部门提出，也可以到政府规定的统一办理地点或通过信函等方式提出。海域使用申请应根据审批期限的规定在用海活动开始前一定的工作日之前提出。但国家重大建设项目需要使用海域的，申请人应当在项目立项申请之前提出海域使用申请，经海洋行政主管部门预审同意后，方可按照规定程序向有关部门提交项目立项申请，海洋行政主管部门的预审意见作为项目立项申请必备材料之一。

（1）海域使用受理

海洋行政主管部门经对公民、法人或者其他组织提出的海域使用申请进行形式审查后，认为属于本机关受理范围、申请材料齐全、符合法定形式，因而对其申请予以接受。根据《报国务院批准的项目用海审批办法》和《海域使用申请审批暂行办法》规定，海域使用申请实行两级受理。

国家海洋局直接受理范围包括：① 国家重大建设项目用海；② 国防建设项目用海；③ 跨省、自治区、直辖市管理海域的项目用海；④ 国务院或国务院有关部门依法审批的项目用海；⑤ 国家级保护区内的项目用海；⑥ 临时倾倒区项目用海；⑦ 国家直接管理的电缆管道项目用海；⑧ 油气及其他海洋矿产资源勘探开采项目用海。

属地受理范围：凡是上述范围以外的项目用海，实行"属地受理，逐级上报"的原则，原则上由所在地县级海洋行政主管部门受理；未设海洋行政主管部门的，由上一级海洋行政主管部门受理；跨行政区域的海域使用申请，由共同的上一级海洋行政主管部门受理。另外，国务院办公厅《关于开展勘定省县两级海域行政区域界线工作有关问题的通知》（国办发〔2002〕12 号）规定，保护有争议海域的使用现状，不得挑起海域争议。在有争议海域，一般不得设置海域使用权。确需使用海域的，海域使用申请由相邻地区共同的上一级海洋行政主管部门负责受理。

在申请的处理上，海洋行政主管部门对申请人提出的海域使用申请，视情况分别做出处理：申请属于本机关受理范围，申请材料齐全、符合法定形式，或者申请人按照本海洋部门的要求提交全部补正申请材料的，应当受理海域使用申请；申请不属于本机关受理范围的，应当即时做出不予受理的决定，并告知申请人向有关部门申请；申请材料不齐全或者不符合法定形式的，应当当场或者在 5 日内一次告知申请人需要补正的全部内容，逾期不告知的，自收到申请材料之日起即为受理。

（2）项目用海的分级审批（图 4 – 1）

关于审批权限。需报国务院批准的有：填海面积在 50 hm^2 以上的项目用海；围海面积在 100 hm^2 以上的项目用海；不改变海域自然属性的用海面积在 700 hm^2 以上的项目用海；国家重大建设项目用海；跨省、自治区、直辖市管理海域的项目用海；国防建设项目用海；国务院规定的其他项目用海。国务院办公厅《关于沿海省、自治区、直辖市审批项目用海有关问题的通知》规定，国务院审批以外的项目的用海审批权限，按照以下原则规定授权地方人民政府：填海（围海造地）面积在 50 hm^2 以下（不含本数）的项目用海，由省、自治区、直辖市人民政府审批，其审批权不得下放。围海面积在 100 hm^2 以下（不含本数）的项目用海，由省、自治区、直辖市、设区的市、县（市）人民政府审批，分级审批权限由省、自治区、直辖市人民政府按照项目种类、用海面积规定。面积在 700 hm^2 以下（不含本数）不改变海域自然属性的项目用海，主要由设区的市、县（市）人民政府批准。

关于审批程序。海域使用申请的分级审批程序包括初审、审查、审核、征求有关部门意见、上报人民政府审批、批准、登记等环节。县级海洋行政主管部门按要求对项目用海进行初审。认为符合条件的，属于本级人民政府审批权限的，应报本级人民政府审批。对不属于本级人民政府审批权限的项目用海，应经本级人民政府同意后，将申请材料、海籍调查结果和初审意见一并逐级上报。设区的市或省人民政府海洋行政主管部门按规定程序对项目用海进行审查。认为符合条件的，属于本级人民政府审批

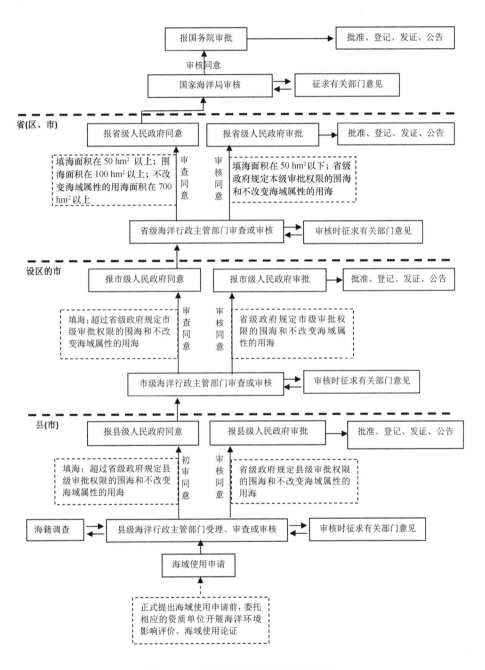

图 4-1　海域使用申请分级审批流程

权限的，应报本级人民政府审批。对不属于本级人民政府审批权限的项目用海，应经本级人民政府同意后，报上级海洋行政主管部门。地方各级人民政府及其海洋行政主管部门初审、审查、审核项目用海材料，应当就是否建议同意使用海域出具明确的书面意见。海洋行政主管部门在受理海域使用申请或收到下一级海洋行政主管部门上报的审查材料后，涉及有关单位和同级人民政府相关部门的，应当征求意见。

关于初审、审查和审核。用海项目申请在报送人民政府审批前一般需要经过初审、审查以及审核等环节。《报国务院批准的项目用海审批办法》明确规定了对海域使用申请的审查原则、审查依据、审查内容和审批程序。《海域使用申请审批暂行办法》也规定了对海域使用申请的审查内容和审批程序。项目用海的初审、审查和审核应当根据这两个办法的有关规定办理。在初审过程中，受理机关应当组织开展海籍调查（权属核查和海籍测量）工作。初审机关需要特别注意对海域的位置以及地理坐标图和坐标点的审查，坚决杜绝因把关不严引起海域使用权属纠纷的现象。初审期限为超过 15 个工作日。

在审查过程中，受理机关与有审批权的人民政府海洋行政主管部门之间的各级海洋行政主管部门为海域使用申请的审查机关。海域使用申请的审查是指审查机关对已经受理并经受理机关初审的海域使用申请的实质内容进行核查的行为。不论审查机关是否同意批准该项目用海，审查机关都必须要在海域使用审批呈报表上签署审查意见，并按规定及时上报。审查机关应当在收到下一级报送的海域使用申请材料和海域使用审批呈报表之日起 15 个工作日内，完成项目用海审查、签署审查意见和上报工作。逐级上报时应当附有审查机关的报批请示，并将海域使用申请材料和海域使用审批呈报表一并上报。在审核过程中，有审批权的人民政府海洋行政主管部门在将海域使用申请上报人民政府审批前对海域使用申请进行最终审核。

关于征求意见。《海域使用管理法》第十七条规定，海洋行政主管部门审核海域使用申请应当征求同级有关部门的意见。《报国务院批准的项目用海审批办法》也规定，国家海洋局接到海域使用申请材料后，应当抓紧办理，涉及国务院有关部门和单位的，应当征求意见。上述规定的目的，就是为了充分体现海域使用权属的统一管理与行业管理相结合的原则。海洋行政主管部门在审核海域使用申请的过程中，不仅要征求该海域使用申请项目行业主管部门的意见，还要充分征求该申请项目相邻或利益相关的用海活动的行业主管部门意见。例如，某企业申请使用某特定海域进行港口建设，审核机关应当征求同级交通部门的意见，如果该项目建设将对相邻海域的渔业资源造成影响，审核机关还应当征求同级渔业部门的意见。行业主管部门应当根据行业规划和行业政策，在规定的时间内，对该海域使用申请提出同意或者不同意的意见及理由。审核机关应当在收到海域使用审批呈报表之日起 30 个工作日内，完成审核工作，提出建议批准或者不予批准的审核意见。

关于报批、批准、登记和公告。审核机关经过审核，对建议批准的，报同级人民政府批准；对不予批准的，由审核机关书面通知海域使用申请人，并说明理由。审核机关呈报同级人民政府审批项目用海时，应报送海域使用审批呈报表、海域使用论证报告及其评审结论、其他有关的材料等。

海域使用申请经政府批准后，由审核机关负责办理项目用海批复文件（海域使用权批准通知书），主送海域使用申请人，抄送受理机关、审查机关。由国务院批准的，还要抄送有关省级人民政府。海域使用权具有用益物权的性质，为对抗第三人及更充分地保护物权人的合法权益，应当对物权进行公示。《海域使用管理法》第二十一条规定，海域使用权除进行登记造册外，还应当向社会公告。同时规定"颁布海域使用权证书，除依法收取海域使用金外，不得收取其他费用"。因此，海域使用权公告不能向海域使用权人收取费用。

（3）国家海洋局直接受理项目用海的审批（图 4 - 2）

根据《报国务院批准的项目用海审批办法》、《海域使用权管理规定》、《国家海洋局关于完善国家海洋局直接受理项目用海审查工作有关问题的通知》（国海管字〔2013〕93 号），由国家海洋局直接受理的项目，审批程序分为两个阶段，即用海预审阶段和用海审批阶段。

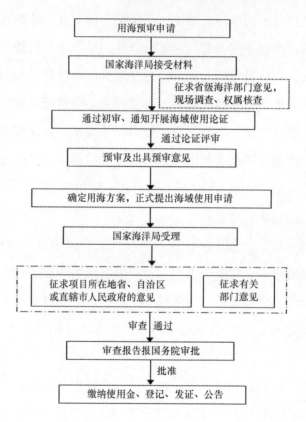

图 4 - 2　国家海洋局直接受理海域使用申请审批流程

① 用海预审阶段

申请材料。建设项目单位向国家海洋局提出项目用海预审申请，申请材料包括：建设项目用海预审申请报告；申请海域的坐标图；资信证明材料；其他需要提交的材料。

预审程序。项目单位递交预审申请材料后，由国家海洋局组织项目所在省（自治区、直辖市）海洋行政主管部门进行初步审查。省（自治区、直辖市）海洋行政主管部门应当在规定时间内将本部门初审情况及结论性审查意见报送国家海洋局。通过初审的，国家海洋局通知建设项目单位在限期内提交海域使用论证报告并组织专家评审，必要时征求国务院有关部门和单位的意见。国家海洋局依据海洋功能区划、海域使用论证报告及专家评审意见进行预审，并出具用海预审意见，涉及使用海域进行填海的，在用海预审意见中明确安排围填海计划指标的相应额度。项目获得批准后，申请人应当及时将项目批准文件提交海洋行政主管部门，依法办理海域使用权报批手续。用海预审意见有效期二年。在有效期内，项目拟用海面积、位置和用途等发生改变的，应当重新提出海域使用申请。

② 用海审批阶段

申请受理、征求意见。国家海洋局直接受理的项目通过用海预审，经国务院或国务院投资主管部门审批（核准）后，并确定用海方案的，应正式提出海域使用申请。国家海洋局收到海域使用申请材料后，对于符合相关条件的，应当予以受理，并出具书面凭证。国家海洋局受理海域使用申请后，征求项目所在地省级人民政府意见，涉及国务院有关部门和单位的，还应当征求国务院有关部门和单位的意见。有关部门、地方和单位自收到征求意见文件之日起 7 个工作日内，应将书面意见反馈国家海洋局。逾期未反馈且未说明情况的，按无意见处理，国家海洋局负责对不同意见的协调解决。

国家海洋局审查。国家海洋局在综合有关部门、地方和单位意见基础上，依照规定进行审查。审查未通过的，由国家海洋局书面通知申请人，说明理由并退回项目用海材料。审查通过的，由国家海洋局起草审查报告并按程序报国务院审批。

2）招标、拍卖、挂牌

《宪法》第十条、《土地管理法》第二条都有关于土地使用权可以依法转让的规定，但单独规定该条款则是在《城镇国有土地使用权出让和转让暂行条例》和《城市房地产管理法》中。我国 2001 年颁布的《海域使用管理法》对海域使用权招标、拍卖做了原则性的规定，随着海域使用管理工作的不断推进，沿海各地对招标、拍卖出让海域以及海域转让、出租、抵押等进行了有益的探索。例如，2000 年，山东海阳市对辖区内的丁字湾部分海域使用权进行了公开招标拍卖，是我国海域使用权公开招标的第一例。从目前各地海域的实践来看，这种"招拍挂"方式获取海域使用权的方式，是根除海域使用中"无偿、无序、无度"用海现象的有效途径之一。实践需要科学的理论做指导，这也直接促使了 2007 年 1 月 1 日《海域使用权管理规定》的正式实施，该规定具体规定了申请审批、招标、拍卖等海域使用权的多种出让方式，内容更加全面、细化，可操作性更强。至此，海域使用权招标、拍卖有了一套比较成型的程序并在海域使用管理实践中发挥着积极的效果。"招拍挂"都是市场配置资源的有效方式[192]。

（1）基本概念

海域使用权招标是指海洋行政主管部门发布招标公告，邀请一定范围的法人、公民和其他组织参加海域使用权投标，并根据投标结果最终确定使用权人的行为。海域使用权招标分为公告招标和邀请招标两种形式，前者针对的是不特定的公民、法人和其他组织，而后者是邀请特定的公民、法人和其他组织参加。海域使用权拍卖是指海洋行政主管部门发布拍卖公告，由竞买人在指定时间、地点进行公开竞价，根据各自出价结果最终确定海域使用权人的行为。海域使用权挂牌是指海洋行政主管部门发布挂牌公告，按公告规定的期限将拟出让宗海的交易条件在指定的海域使用权交易场所挂牌公布，接受竞买人的报价申请并更新挂牌价格，根据挂牌期限截止时的出价结果最终确定海域使用者的行为。

海域使用权招标、拍卖和挂牌是国有海域资源进行市场化配置的重要方式[193]。通过招标、拍卖和挂牌方式确定海域使用权人，是海域使用管理制度顺应市场经济发展需要的突出表现，一方面有利于实现国有资源利用权的授予过程透明、公开，防止暗箱操作，从源头上遏制腐败，有利于依法行政[194]；另一方面有利于提高资源的利用效率，充分发挥海域资源的经济、社会和环境生态整体效益。

在海域使用权招标、拍卖和挂牌过程中，必然涉及有关的当事人，为了体现招标、拍卖的竞争性，同一类型的当事人还远不止一个。招标、拍卖海域使用权过程中按照规定的程序和条件参加招标、拍卖的人均是海域使用权招标、拍卖的当事人，包括主持招标、拍卖活动的政府部门（发标人或者拍卖委托人、拍卖人）、有批准权的人民政府以及投标人、中标人、竞买人、买受人。

（2）基本制度

按照《海域使用管理法》第二十条规定，海域使用权的取得既包括行政审批（《海域使用管理法》第十九条规定）方式，还包括招标或者拍卖方式。招标、拍卖确定海域使用权是海域使用权的重要取得方式之一，是《海域使用管理法》第十九条规定的申请审批取得海域使用权方式以外的另一个重要渠道。海域使用权招标拍卖基本制度的内容包括招标拍卖实施方案的制定、征求意见和审批，以及招标拍卖方案的具体实施和招标拍卖的法律效力等内容。目前，海域使用权的招标拍卖方案的制订部门是海洋行政主管部门，审批权限在相应的人民政府。招标拍卖的法律效力是中标人或者买受人自领取海域使用权证书之日起，取得招标拍卖海域的使用权。

（3）基本原则

招标、拍卖和挂牌海域使用权应当遵循公开、公平、公正和诚实信用的原则。这是海域使用权招标、拍卖应当遵循的基本准则。

公开的本意是不隐蔽。海域使用权招标、拍卖和挂牌法律制度上的公开是指海洋行政主管部门在进行海域使用权招标、拍卖活动时应将招标、拍卖活动的过程和结果公开，其目的在于保护公众的知情权、参与权和监督权。公开原则的基本要求有：一是招标、拍卖和挂牌的信息应当广而告之。二是招标、拍卖和挂牌的条件和要求应当规范、明确和公开，不允许模糊。三是招标、拍卖和挂牌实施程序具体、明确和公开。四是招标、拍卖和挂牌的结果公开。也就是说招标、拍卖和挂牌活动及其当事人应当接受依法实施的监督。有关行政监督部门依法对招标、拍卖和挂牌活动实施监督，依法查处招标、拍卖和挂牌中的违法行为。在遵循公开原则的同时，还必须实行严格的保密制度，任何知情人都不得将招标、拍卖和挂牌的需要保密的信息透露给有关当事人。

公平、公正的本意是正直、不偏不倚。海域使用权招标、拍卖和挂牌法律制度上的公平、公正是指海洋行政主管部门在组织海域使用权招标、拍卖和挂牌时平等对待所有个人和组织，禁止搞身份上的不平等及实行歧视待遇，同时在开标、评标、竞买工程中有利害关系的人应当回避。公平、公正原则强调机会上的平等。所有符合规定条件的个人和组织都有权参与竞标和竞买、都有机会中标和成交。任何单位和个人不得违法闲置或者排斥本地区、本系统以外的法人或者其他组织参加投标、竞买，不得以任何方式非法干涉招标、拍卖、挂牌和竞买活动。

诚实信用本意是真实、不欺骗、讲信誉，指当事人在民事活动中遵守的基本原则，是道德规范在法律上的表现。海域使用权招标、拍卖和挂牌法律制度上的诚实信用是指海域使用权招标、拍卖和挂牌当事人——海洋行政主管部门、投标人、中标人、竞买人、买受人应当真心实意地遵守招标、拍卖的要求，如果中标或者竞买成功，则政府部门有义务将海域使用权授予中标人或者买受人，而中标人或者买受人也有义务缴纳相关费用，获取海域使用权。任何一方违反规定都应当承担相应的法律责任。

（4）基本意义

① 有利于合理开发保护海洋资源。《海域使用管理法》未颁布之前，海域使用管理秩序比较混乱，一些地方滥采、滥捕，无度开发，使海洋资源日渐匮乏，也造成了海洋环境和资源的污染和破坏。《海域使用管理法》颁布实施后，给依法管海、依法用海提供了重要的法律依据。当前，我国海域开发的速度与广度不断加大，以依法招标拍卖的方式确定海域使用权，将最大程度地保护海洋资源。

举例来说，A 海域长期固定给某一用海人，他不会想到竞争，自己的收益有限不说，更不会想到去引进和改良品种及利用先进技术等手段开发利用海域。而一旦引入竞争机制，A 海域要进行市场化配置，由于竞价往往高于依据海域使用金标准计算出的数额，用海人必定会引进和改良品种，最大限度地利用和发挥海洋生产力；同时，自然也会关注该海域开发所带来的经济效益和资源生态效益。通过公开"招拍挂"海域使用权，有利于促进海洋资源的科学利用和合理开发。

② 有利于维护正常的用海秩序。过去由于缺乏法律法规的规范，在利益驱动下，抢占、强占海域的行为时常发生，引发了很多社会矛盾。《海域使用管理法》及其配套制度规定了当同一海域出现多个申请者时，必须通过公开招标、拍卖和挂牌的方式来确定海域使用权。通过公开、公平、公正开展招标、拍卖和挂牌，价高者取得海域使用权，稳定了各参与者的情绪，中标者将精力用于海域的经营和管理上，非中标者也没有任何理由进行海域的争夺或者械斗，用海秩序恢复正常。

③ 有利于实现海域的基本价值。通过"招拍挂"方式确认海域使用

权，一方面由于海域招标或者拍卖的最后价格往往高出以海域使用金标准征收的数额，海域资源的价值得到了体现；另一方面由于国家有海域使用金返还地方的政策，也适当增加了地方的财政收入。这样当地政府可以将海域使用金纳入经费预算投入海洋资源和环境的保护中，从而实现了海域有偿使用的良性循环。

（5）基本程序及实施

① 招标程序

a. 公告。海洋行政主管部门应当至少在投标开始日前 20 日发布招标公告，公布招标出让人的名称和地址，出让宗海的现状、位置、面积、使用年期、用途、功能区划要求，投标人的资格要求等事项。出让人对符合招标公告规定条件的投标申请人通知其参加招标。

b. 投标、开标和评标。投标人在投标截止时间前将标书投入标箱，并对标书和有关书面承诺承担责任。出让人邀请所有投标人参加开标。组成评标小组按照规定的评标标准和方法，评审投标文件。

c. 中标。根据评标结果，确定中标人。能够最大限度地满足招标文件中规定的各项综合评价标准，或者能够满足招标文件的实质性要求且价格最高的投标人，应当确定为中标人。出让人与中标人签订成交确认书。成交以后，中标人与出让人签订《国有海域使用权出让合同》。

d. 缴纳海域使用金和发放证书。中标人应当按照《国有海域使用权出让合同》的约定缴纳海域使用金，出让人申请办理海域使用权登记，领取海域使用权证书。

e. 监督检查。中标人、出让人和海洋行政主管部门等各当事人应该严格按照法律法规办事，并接受监督，依法承担民事、行政或者刑事责任。

② 拍卖程序

a. 公告。在拍卖开始日前 20 日海洋行政主管部门发布拍卖公告，并公布拍卖宗海的基本情况和拍卖的时间、地点，以及出让宗海的位置、现状、面积、使用年期、竞价方式等事项。

b. 登记。出让人对符合拍卖公告规定条件的申请人，登记并通知其参加拍卖。

c. 竞买。具体包括主持人介绍拍卖宗海的位置、面积、用途、使用年期、规划要求等程序。

d. 成交。确定竞得人后，出让人与竞得人签订成交确认书和《国有海域使用权出让合同》。

e. 缴纳海域使用金和发放证书。竞得人应当按照《国有海域使用权出让合同》的约定缴纳海域使用金。受让人依法申请办理海域使用权登记，领取海域使用权证书。

f. 监督检查。竞得人、出让人等当事人接受国家的监督检查，并承担相应的民事、行政或者刑事责任。

③ 招标、拍卖中应注意的问题

a. 关于招标拍卖的适用范围。按照国家有关规定，必须招标、拍卖方式出让海域使用权的情形是同一海域有两个或者两个以上用海意向人。可以招标、拍卖方式出让海域使用权的情形包括国务院或国务院投资主管部门审批、核准的建设项目，国防建设项目，传统赶海区，海洋保护区，有争议的海域或涉及公共利益的海域等。

b. 关于海域使用权招标、拍卖方案的制订。海洋行政主管部门制定海域使用权招标、拍卖方案的基本依据有海洋功能区划、海域使用论证结论、海域评估的结果等，征求有关部门和单位的意见，并报有审批权的人民政府批准。招标拍卖公告由有审批权的人民政府海洋行政主管部门或者其委托的单位进行。

c. 关于标底和底价的确定。标底、底价不得低于按海域使用金征收标准确定的海域使用金、海域使用论证费和海域评估费等费用的总和。

4.2.3.3 海域资源配置的二级市场表现形式

1）转让

海域使用权转让是指为保证我国有限的海域资源得到合理高效的开发，维护海域使用秩序，海域使用权人将自己的海域使用权进行出售、赠与、作价入股、交换等再转移。依据《海域使用管理法》第二十七条规定，海域使用权转让需同时满足对于开发利用海域满 1 年、不改变海域用途、已缴清海域使用金和除海域使用金以外，实际投资已达计划投资总额的 20% 以上以及原海域使用权人无违法用海行为，或违法用海行为已依法处理 5 个条件。在转让海域使用权时，转让双方应当向原批准用海的人民政府海洋行政主管部门提出海域使用权转让申请，由其进行审批。海洋行政主管部门批准同意后，转让双方在 15 日内办理海域使用权变更登记、领取海域使用权证书等程序。

海域使用权的转让具有不动产物权变动的特点：一是附属物随海域使用权转让。依据我国《海域使用权管理规定》，海域使用权和其固定附属用海设施是捆绑在一起的，一方的转让会导致另一方的随之转让。二是权利义务一同转移。海域使用权及其所属的权利和义务实行捆绑制，海域的用途不因海域使用权的转让而改变，海域的抵押权随海域使用权的转让也发生转让，且抵押权人具有追及效力，享有优先受偿的权利。三是转让采用登记要件主义。海域使用权的移转以登记为要件，受让人在进行海域使用权登记以后才取得海域使用权，这也与我国现行立法对物权变动采取登记要件主义相一致。

依据《海域使用权管理办法》的规定，海域使用权转让的方式包括出售、交换、作价入股和赠与等。出售是以价金的支付为海域使用权的对价。交换是其他财产或特定的财产权益的取得为海域使用权的对价。作价入股是介于出售和交换之间的、以入股方式取得海域使用权，此时的对价可以是价金，也可以是其他财产或特定的财产权益。赠与是海域使用权人无偿移转其海域使用权给受赠人的法律行为，赠与无对价，但可以附加有关条件。

2）出租和抵押

海域使用权出租是指海域使用权人将海域使用权单独或者随同固定附属用海设施租赁给他人使用，由他人向其支付租金的行为。出租法律关系中涉及两方当事人：一方是出租人，即原拥有海域使用权的人；另一方是承租人，即为承担海域使用权的人。

海域使用权抵押是指海域使用权人将本人的海域使用权为他人债权的实现提供担保，在该债权逾期不能实现时，债权人可以拍卖该海域使用权，并对所获得价金优先受偿的制度[195]。抵押法律关系中有两方主体：一方为抵押人，即以海域使用权作抵押的债务人；另一方为抵押权人，即债权人。抵押物是提供担保的海域使用权。

海域使用权原则上均允许出租和抵押，海域使用权人出租、抵押其海域使用权时，双方当事人要求到原登记机关办理登记手续，办理抵押登记的，还须出具抵押双方认可抵押金额的书面凭证。但也存在法律规定的禁止情形：权属不清或者权属有争议的，未按规定缴纳海域使用金、改变海域用途等违法用海的，以及海洋行政主管部门认为不能出租、抵押的。未按规定办理出租、海域使用权抵押登记的，不受法律保护。海域使用权出租、抵押作为不动产权利的出租、抵押，用于出租、抵押的海域使用权必须是依法取得并已办理登记发证的海域使用权，此外还具有以下特点。

首先，海域使用权与其固定附属用海设施实行捆绑制，海域使用的出租、抵押与其固定附属用海设施的出租、抵押是同时的，反过来也是一样。其次，出租、抵押时，本身的海域使用权并不发生转移。海域使用权出租后，出租人继续享有作为海域使用权人所享有的一切权利，例如，收益、限制性处分等权利，承租人只是临时性对海域进行使用和占有；海域使用权抵押后，抵押人同样继续对海域进行占有、收益，只有在债务不能履行时，债权人才能依照法定程序处分债务人的海域使用权，此时会发生海域使用权的转移。再次，出租、抵押的海域使用权存在其取得时免缴或者减缴海域使用金的情况时，海域使用权人必须缴纳或者补缴海域使用金后方可出租、抵押。最后，海域使用权出租、抵押后，本身的海域用途不能改变，且不能超过海域使用权的使用期限。具体来说，出租时，出租人继续按照海域使用权证书确定的面积、年限和用途使用海域；抵押时，债务人也须按照海域使用权证书确定的面积、年限和用途使用海域，即使发生权利转移后，新的使用权人也必须按照原来的面积、年限和用途使用海域。这主要是从稳定用海秩序的角度来考虑的。

3）继承

海域使用权继承指公民按照法律规定或者合法有效的遗嘱，取得死者生前享有的海域使用权的行为。

海域使用权与其固定附属用海设施实行捆绑制继承，海域使用权的继承必然会导致其固定附属用海设施的继承，反过来也一样。

海域使用权继承发生后，继承人应当按照海域使用权登记的规定和程序，申请办理海域使用权变更登记。

4.2.3.4 海域资源配置的中间市场表现形式

海域资源配置的中间市场介于一级市场和二级市场之间，表现形式主要是融资。融资是指为支付超过现金的购货款而采取的货币交易手段，或为取得资产而进行集资所采取的货币手段。融资有两种理解：一般意义上的融资是指货币持有者和货币需求者之间进行资金直接或间接融通的活动，资金融资包括资金融入和资金融出两个行为；狭义上的融资则专指资金融入。融资方式也就是融资的渠道，可以分为两类：债务性融资和权益性融资。债务性融资主要是银行贷款、发行债券和应付票据、应付账款等，权益性融资主要指股票融资，两者最大的不同是，债务性融资中的债权人不参与债务人的经营决策，对资金的运用也没有决策权，而后者中的货币持有者有权参与企业的经营决策，有权获得企业的红利，但无权撤出资金。

海域使用权的融资主要是海域使用权人根据自身的生产经营状况和资金拥有的状况，以及公司未来经营发展的需要，采用一定的方式，如设置海域使用权抵押、担保、出租等，从一定的渠道向海域使用权的投资者和债权人去筹集资金，组织资金的供应，以保证其正常生产和经营管理活动需要的货币交易行为。目前，海域使用权融资方式主要包括贷款和投资两种，但随着市场活动的进一步扩大，将来会出现更多的融资方式。

1）贷款方式

贷款是银行或其他金融机构按一定利率和必须归还等条件出借货币资金的一种信用活动形式。在海域使用权流转过程中，为了满足社会扩大再生产对补充资金的需要，促进经济的发展，同时，银行也可以由此取得贷款利息收入，增加银行自身的积累，银行基于安全性、流动性、效益性（通称为"三性"原则），通过对海域使用权设定抵押贷款，将所集中的货币资金投放给海域使用权人。贷款属于债务性融资，银行不参与海域使用权人的经营管理，海域使用权人作为债务人向银行机构支付一定的利息作为对价。

对海域使用权设置抵押贷款，目前沿海省市已经有实例。例如，2009年，江苏省如东县设立了海域使用权交易中心，如东县海洋与渔业局联合人民银行如东县支行，在全国率先尝试海域使用权抵押贷款，研究出台了《海域使用权抵押贷款管理办法》，成为我国首个海域使用权抵押贷款的指导文件，如东县通过探索沿海地区海洋开发的多元化融资方式，有力推动了水产养殖规模化和沿海开发。再如，中信银行浙江温州苍南支行向苍南县一家从事混凝土行业的企业发放了一笔1 200万元的抵押贷款，而抵押物是这家公司拥有的码头。当地金融监管部门将之归类为海域使用权抵押。监管部门人士称，海域使用权抵押贷款不仅使企业资源得到充分利用，更扩大了企业的融资渠道，尤其是在当前温州地区寻找担保企业相对困难的情况下，海域使用权抵押贷款赋予原先除了运输航运等功能外别无他用的海域使用权新的功能，对企业来说无疑是有益的帮助。还有一个例子，为帮助用海企业破解融资难题，天津市海洋局和天津银监局于2009年11月联合出台了《天津市海域使用权抵押贷款实施意见》和《天津市海域使用权抵押登记办法》，初步建立了海域使用权抵押贷款制度体系，有力地促进了天津市海洋经济和海洋事业的快速发展。

2）投资方式

投资是用资金、人力、知识产权等有价值的资产，投入到某个企业、项目或经济活动，以获取经济回报的商业行为或过程。按照投资内容，投资可分为实物投资、资本投资和证券投资。资本投资是以货币投入企业，通过生产经营活动取得一定利润。证券投资是以货币购买企业发行的股票和公司债券，间接参与企业的利润分配。证券投资的分析方法主要有如下三种：基本分析、技术分析、演化分析。其中，基本分析主要应用于投资标的物的选择上；技术分析和演化分析则主要应用于具体投资操作的时间和空间判断上，作为提高投资分析有效性和可靠性的有益补充。

投资属于权益性融资，海域使用权人取得从事海域使用的权利后，为扩大再生产奠定基础，吸引银行等投资机构投资海域。投资成功后，海域使用权人获得购建固定资产、无形资产和其他长期资产支付的资金或者先进技术，投资方作为债权人则可直接或者间接参与海域使用权人的经营活动并获取收益。例如，经与江苏省洋口港投资开发有限公司达成协议，江苏省工商银行如东县支行联手省内其他8家银行，向该公司承担的LNG接收站、燃气电厂配套基础设施工程项目投资了9.5亿元，最终促使总投资63亿元的中石油LNG接收站提前投产，成为江苏清洁能源供应基地[196]，

126

银行和公司实现了双赢。通过海域使用权抵押，洋口港临港工业区基础设施建设也获得银行 10 亿元投资，保障了项目工程的顺利开展。

4.2.4 海域使用论证制度

《海域使用管理法》也明确规定三个月以上的排他性用海活动，必须开展海域使用论证工作，提交海域使用论证材料的时间是在海洋行政主管部门申请使用海域时。海域使用论证是海域使用管理的重要基础工作，是海域使用申请审批的重要环节，是实现科学用海、科学管海的重要抓手，海域使用论证实质上是调整海域资源配置与海域使用的关系。

4.2.4.1 海域使用论证的概念

海域使用论证是海域使用管理的一项重要基础工作，通过对申请使用海域的区位条件、资源状况、开发现状、功能定位、开发布局、整体效益、风险防范、国防安全等因素进行调查、计算、分析、比较，提出项目用海是否可行的结论并给出相应的书面材料，以达到科学用海、规范管理和可持续性用海的目的，为海域使用行政审批和监督管理提供科学依据和技术支撑[197]。

《海域使用管理法》规定："在中华人民共和国内水、领海持续使用特定海域三个月以上的排他性用海活动，在向海洋行政主管部门申请使用海域时必须提交海域使用论证材料。"根据《临时海域使用管理暂行办法》，对在中华人民共和国内水、领海使用特定海域不足三个月，但可能对国防安全、海上交通安全和其他用海活动造成重大影响的排他性用海活动，也应提交海域使用论证材料。

4.2.4.2 海域使用论证制度的基本内容

1）海域使用论证的内容

海域使用论证内容主要包括：项目用海必要性分析；项目用海资源环境影响分析；海域开发利用协调分析；项目用海与海洋功能区划及相关规

划符合性分析；项目用海选址、面积及期限等合理性分析；海域使用对策措施分析。

一是项目用海必要性分析。阐述项目基本情况以及项目申请用海情况；说明项目建设的目的、意义；论证项目占用、使用海域的必要性。围填海项目应阐明围填海用海与当地土地资源的供需关系，分析项目实施围填海的理由和必要性。

二是项目用海资源环境影响分析。依据用海项目前期专题成果，简要分析项目用海的环境影响、生态影响、资源影响和用海风险。当用海项目属于改扩建时，应对已建项目用海的主要影响进行简要分析。

三是海域开发利用协调分析。包括项目用海对海域开发活动的影响、利益相关者界定、相关利益协调分析以及项目用海对国防安全和国家海洋权益的影响分析等。

四是项目用海与海洋功能区划及相关规划符合性分析。明确与项目用海有关的各功能区情况及与项目用海的位置关系，分析项目用海与功能区划的符合性，并给出明确结论；阐述国家产业规划和政策，海洋经济发展规划，海洋环境保护规划，城乡规划，土地利用总体规划，港口规划，以及养殖、盐业、交通、旅游等规划中与项目用海有关的内容，分析论证项目用海与相关规划的协调性。

五是项目用海合理性分析。包括用海选址合理性分析、用海方式和平面布置合理性分析、用海面积合理性分析、用海期限合理性分析等。

六是海域使用对策措施分析。根据项目海域使用论证结果，提出具体的海洋功能区划实施对策措施、开发协调对策措施、风险防范对策措施和监督管理对策措施。对策措施应切合实际、经济合理，具有可操作性。

2）海域使用论证的管理制度

（1）资质证书管理制度

《海域使用论证资质管理规定》确定了资质单位证书管理制度。要求

"凡从事海域使用论证工作的单位，必须取得海域使用论证资质证书，方可在资质等级许可的范围内从事海域使用论证活动，并对论证结果承担相应的责任"。单位一旦获得资质证书，除因违规情况受到降级或注销资质证书外，将一直取得论证资质。海域使用论证资质证书分为正本和副本，由国家海洋局统一制作、印刷和发放，并对证书的使用进行监督和管理。海域使用论证资质单位不得采取欺骗、隐瞒等手段取得资质证书；不得涂改、伪造、出借、转让资质证书。

（2）资质分级管理制度

根据各资质单位的主体资格、人员状况、仪器状况、单位资历、技术力量、仪器设备、管理水平等情况，将海域使用论证资质单位分为甲、乙、丙三个等级（表4-2）。甲级单位承担国务院和省、市、县级人民政府审批项目用海的海域使用论证技术服务；海域使用论证技术服务纠纷的技术仲裁。乙级单位承担省、市、县级人民政府审批项目用海的海域使用论证技术服务。丙级单位承担县级人民政府审批项目用海的海域使用论证技术服务。资质单位不得超越从业范围提供海域使用论证技术服务。

表4-2　海域使用论证资质单位情况统计　　　　单位：家

年度	总数	甲级	乙级	丙级
2002	25	10	15	—
2003	25	10	15	—
2004	79	13	34	32
2005	79	13	34	32
2006	79	13	34	32
2007	77	13	34	30
2008	76	13	34	29
2009	87	14	45	28
2010	82	14	43	25

年度	总数	甲级	乙级	丙级
2011	84	19	40	25
2012	91	24	44	23

资料来源：国家海洋局公布的2002—2012年海域使用论证资质单位年度检查情况通报。

《海域使用论证资质分级标准》对各等级资质单位的要求进行了细化，明确了资质单位应具有独立法人资格，有固定的工作场所和完善的内部管理制度；对论证技术骨干人员的专业、职称、数量、仪器设备和质量管理提出了明确的要求，并对不同资质等级的单位承担的项目进行了分类。海域使用论证资质分级管理，确保了海域使用论证工作开展的必要条件，为开展资质单位的监督检查等管理工作奠定了基础。

（3）资质申请和升级管理制度

《海域使用论证资质管理规定》确定了资质申请和升级审批制度。首次申请海域使用论证资质的单位，其资质等级最高不超过乙级；连续两年资质年检合格，方可申请晋升等级。申请和升级海域使用论证资质的单位，应通过申请的方式向国家海洋局或国家海洋局委托的机关提出申请，国家海洋局经过受理、征求意见、现场核查之后，召开资质审定会议。由国家海洋局组织的海域使用论证资质审定委员会对海域使用论证资质申请进行评审，评审通过并经过公示后，由国家海洋局颁发海域使用论证资质证书。根据《海域使用论证资质管理规定》，国家海洋局自2002年首次批准25家海域使用论证资质单位以来，先后4次受理审查批准了资质单位的申请（表4-3），海域使用论证队伍不断壮大，海域使用论证资质单位数量逐年增加，单位硬件水平和技术力量不断提升。

表 4 – 3　海域使用论证资质单位增加情况　　　　　　　　　　　　　单位：家

年度	论证资质单位总数	甲级增加数	乙级增加数	丙级增加数
2004	79	5	22	32
2008	76	1	14	4
2011	84	5	5	5
2012	91	5	9	3

资料来源：2009 年 9 月召开的全国海域使用论证工作会议材料、国家海洋局 2011—2012 年海域使用论证资质单位年度检查情况通报。

（4）论证报告评审制度

海域使用论证报告提交后，有审批权的海洋行政主管部门或者其委托的单位，组织专家对海域使用论证报告进行评审。评审内容主要包括报告编制是否符合海域使用论证技术规范和标准的要求，论证工作等级、论证重点的确定是否准确等。评审意见应由专家和评审组独立提出，组织评审的单位不得干预。评审专家的选择应当按照专业从评审专家库中抽取，不得由论证单位或海域使用论证申请人推荐或提名。评审工作结束后，再向有审批权的海洋行政主管部门提交评审技术审查意见、评审组评审意见、专家评审意见、海域使用论证报告修订稿、修改说明及相关证明材料，为海域使用权的申请审批提供依据。

为了规范海域使用论证报告评审工作，保证海域使用论证的科学性和评审活动的公平、公正，提高评审质量，为海域使用论证审批提供科学依据，国家海洋局先后印发了《海域使用论证评审专家库管理办法》和《关于进一步规范地方海域使用论证报告评审工作的若干意见》，明确要求国家和省级海洋行政主管部门要分别组建并管理国务院和沿海县级以上地方人民政府审批项目用海的评审专家库。评审专家实行聘任制，聘任期为 3 年。评审专家库有国家级专家库和地方级专家库，国务院审批的评审应当从国家级专家库中选择评审专家，沿海县以上地方人民政府审批的评审应当从国家级或地方级评审专家库中选择评审专家。

4.2.4.3　海域使用论证制度在资源配置中的作用

海域使用论证是海域使用管理的重要基础工作，其根本作用在于对项目用海的科学性和合理性进行评估，为行政审批提供决策依据和技术支撑。海域资源配置调节机制是多方面的，由于海域使用论证在合理开发海洋资源、促进海洋经济的可持续发展、维护国家海洋权益和广大用海者的合法权益等方面的实际价值，海域使用论证制度实际上起到调节资源配置与资源使用上的关系，主要表现在以下几个方面。

（1）海域使用论证是海域配置参与宏观调控的"切入点"。海域使用论证是海域使用审批的必经环节，是海域作为生产要素进入经济活动的第一道关口，是政府对海洋产业进行有效调控的重要手段。海域使用论证在优化海洋产业布局、调控海洋产业规模方面发挥着重要作用。

（2）海域使用论证是合理配置海域资源的"过滤器"。海域使用论证通过项目用海的选址、方式、面积合理性分析，以及围填海平面设计方案比选和优化，筛选掉那些选址不合理、用海规模过大、滥用岸线资源等用海项目，实现科学用海，发挥海域资源的整体效益。

（3）海域使用论证是全面协调用海关系的"减震阀"。通过对利益相关者的调查分析，提出切实可行的利益协调方案和建议，提前发现项目用海可能涉及的利益冲突问题，从而为审批项目用海、化解用海矛盾发挥"消波减震"的作用，以维护海域使用权人的合法权益和人民群众的切身利益，维护沿海地区社会稳定，有利于资源配置合理化目标的实现。

4.2.5　海洋环境影响评价制度

4.2.5.1　海洋环境影响评价制度的概念及发展

环境影响评价制度是在进行建设活动之前，对建设项目的选址、设计和建成投产使用后可能对周围环境产生的不良影响进行调查、预测和评定，提出防治措施，并按照法定程序进行报批的法律制度[198]。环境影响评价制度是实现经济建设、城乡建设与环境建设同步发展的重要法律手段。通过环境影响评价，科学地分析开发建设活动可能产生的环境问题，并提出相应的防治措施，有利于防止由于布局不合理给环境带来的难以消除的损害，从而为建设项目的环境管理提供科学依据[199]。

我国环境影响评价制度经历了从产生到发展再到完善的过程。1973 年国家首先提出了环境影响评价的概念；1979 年颁布了《环境保护法（试行）》，使环境影响评价制度化、法律化；1981 年实施了《基本建设项目环境保护管理办法》，专门对环境影响评价的基本内容和程序作了规定；1986 年对《建设项目环境保护管理办法》进行了修订，进一步明确了环境影响评价的范围、内容、管理权限和责任；1989 年，我国颁布了《环境保护法》，该法第十三条规定："建设污染环境的项目，必须遵守国家有关建设项目环境保护管理的规定。建设项目的环境影响报告书，必须对建设项目产生的污染和对环境的影响做出评价，规定防治措施，经项目主管部门预审并依照规定的程序报环境保护行政主管部门批准。环境影响报告书经批准后，计划部门方可批准建设项目设计任务书。"1998 年，国务院颁布了《建设项目环境保护管理条例》，进一步提高了环境影响评价制度的立法规格，同时修改了环境影响评价的适用范围、评价时机、审批程序、法律责任等内容；2002 年 10 月 28 日，第九届全国人民代表大会常务委员会第三十次会议通过的《环境影响评价法》，标志着我国环境影响评价制度的完善化和法制化[200]。

海洋环境影响评价制度的产生既源于我国环境影响评价制度，又是环境影响评价制度在海洋领域的进一步拓展与深化。1982 年 8 月 23 日，第五届全国人民代表大会常务委员会第二十四次会议通过的《海洋环境保护法》确定了海洋环境影响评价制度，要求海岸工程建设、海岸石油开发以及河口、海湾、海域排污均必须进行海洋环境影响评价[201]。在1999年修订的《海洋环境保护法》中，再次确定了海洋环境影响评价制度的法律地位，并规定在"海洋生态保护"中"新建、改建、扩建海水养殖场，应当进行环境影响评价"，并规定了海洋工程和海岸工程开展海洋环境影响评价的程序。对于海岸工程建设项目，"必须在建设项目可行性研究阶段，对海洋环境进行科学调查，根据自然条件和社会条件，合理选址，编报环境影响报告书。环境影响报告书经海洋行政主管部门提出审核意见后，报环境保护行政主管部门审查批准"；对于海洋工程建设项目"在可行性研究阶段，编报海洋环境影响报告书，由海洋行政主管部门核准，并报环境保护行政主管部门备案，接受环境保护行政主管部门监督"。1990年6月25日我国公布了《防治海岸工程建设项目污染损害海洋环境管理条例》（该条例于2007年9月25日进行了修订），第七条指出海岸工程建设项目"应当在可行性研究阶段，编制环境影响报告书（表）"。在2006年11月1日起施行的《防治海洋工程建设项目污染损害海洋环境管理条例》（中华人民共和国国务院令第475号，简称《海洋工程条例》）中对海洋环境影响评价专章给予了阐述。2008年7月1日，国家海洋局印发了《海洋工程环境影响评价管理规定》，正式以部门规章的形式确定了海洋工程环境影响评价制度的法律地位，其第四条明确规定"国家实行海洋工程环境影响评价制度。海洋工程的建设单位应当在可行性研究阶段，根据《海洋工程环境影响评价技术导则》及相关环境保护标准，编制环境影响评价文件，报有核准权的海洋主管部门核准"。

4.2.5.2　海洋环境影响评价的管理

我国海洋环境影响评价制度依据的法律规章有《海洋环境保护法》、《防治海岸工程建设项目污染损害海洋环境管理条例》、《防治海洋工程建设项目污染损害海洋环境管理条例》和《海洋工程环境影响评价管理规定》等。由于海岸工程和海洋工程在外延上有所区别，海洋环境影响评价制度在审批程序上有差异。

关于海岸工程的外延方面，依据《防治海岸工程建设项目污染损害海洋环境管理条例》（1990 年 6 月 25 日公布，2007 年 9 月 25 日修订）的规定，海岸工程建设项目是指位于海岸或者与海岸连接，工程主体位于海岸线向陆一侧，对海洋环境产生影响的新建、改建、扩建工程项目。如港口、码头、航道、滨海机场工程项目，滨海火电站、核电站、风电站项目，滨海矿山、化工、轻工、冶金等工业工程项目，滨海石油勘探开发工程项目等 10 类。

关于海洋工程的外延方面，依据《海洋工程条例》（2006 年 11 月 1 日起施行）的规定，海洋工程是指以开发、利用、保护、恢复海洋资源为目的，并且工程主体位于海岸线向海一侧的新建、改建、扩建工程。具体围填海、海上堤坝工程、海底管道、海底电（光）缆工程、人工岛、海上和海底物资储藏设施、跨海桥梁、海底隧道工程 9 类。可见，两个条例对海洋工程和海岸工程的法律定义和外延有了明确划分，避免了概念不清的问题。

同时，按照《海洋环境保护法》的规定，海洋工程和海岸工程在审核和审批权限上有所不同。海岸工程建设项目在项目可行性研究阶段，用海者委托相应机构对海洋环境进行影响调查，根据自然、社会等因素，将编报完成的环境影响报告书报海洋行政主管部门审核，海洋行政主管部门提出审核意见后，报环境保护行政主管部门审查批准，可见，海岸工程的审批权在国家环保总局，国家海洋局仅有审核权；海洋工程建设项目在可行性研究阶段，根据自然、社会等因素，编报海洋环境影响报告书并报海洋行政主管部门审批，报环境保护行政主管部门备案，接受环境保护行政主管部门监督，可见，海洋工程的审批权在国家海洋局，仅报中华人民共和国环境保护部备案即可。

4.2.5.3 海洋环境影响评价制度在资源配置中的作用

关于海洋环境影响评价制度有两个情况需要重点说明：一是 2013 年 6 月 9 日，国务院办公厅印发了《关于国家海洋局主要职责内设机构和人员编制规定的通知》（国办发〔2013〕52 号），取消了国家海洋局关于海岸工程建设项目环境影响报告书审核职责[202]，目前正在开展该项规定与《海洋环境保护法》的衔接工作；二是我国正在开展《海洋环境保护法》和《海洋石油勘探开发环境保护管理条例》的立法修订工作，对海洋环境影响评价制度做了较大改动，尤其是在环境影响评价的范围、环境影响评价的内容等方面。在地位上进一步强调环境影响评价文件未经主管部门核准，作业者不得进行勘探开发作业。编制依据上，海洋石油勘探开发工程的环境影响评价应当以工程对海洋环境、生态、资源的影响及环境风险为重点进行综合分析、预测和评估，并提出相应的风险防范与生态保护措施。在核准时限上，增加了一次性告知义务和听证程序。并且新的立法规定了重新评估程序和后评估程序。海洋石油勘探开发工程环境影响报告文件经核准后，海洋石油勘探开发工程发生重大改变（如，工程的性质、规模、地点、生产工艺发生改变，污染物排放的种类、数量、地点发生改变，防治污染、防止生态破坏的措施发生改变等），可能产生较大环境影响的，或者发生溢油污染事故被主管部门责令停产整顿的，作业者应重新编制环境影响评价文件，经原核准环境影响评价文件的主管部门核准后方可开工建设。在建设、运行过程中产生不符合经核准的环境影响评价文件情形的，作业者应当自该情形出现之日起 20 个工作日内，组织开展海洋环境影响后评价工作。作业者根据后评价结论采取改进措施，并将后评价结论和采取的改进措施报原核准该工程环境影响评价文件的主管部门备案。海洋环境影响后评估工作也可以由作业者定期开展。本研究在构设海域资源配置流程时，充分考虑了新的立法规定内容。

按照《海洋工程环境影响评价管理规定》第十条的规定，海洋环境影响评价制度主要包括以下十个方面的内容：一是工程概况、工程分析；二是工程所在海域环境现状和相邻海域开发利用情况；三是与海洋功能区划、海洋环境保护规划等相关规划的符合性分析；四是工程对海洋环境和海洋资源可能造成影响的分析、预测和评估；五是工程对相邻海域功能和其他开发利用活动影响的分析及预测；六是工程对海洋环境影响的经济损益分析和环境风险分析；七是工程拟采取的包括节能减排、清洁生产、污染物总量控制及生态保护措施在内的环境保护措施及其经济、技术论证；八是公众参与调查情况；九是工程选址的环境可行性；十是环境影响评价综合结论。海洋工程可能对海岸生态环境产生影响或损害的，还应当增加工程对海岸自然生态影响的分析和评价。

在用海项目中，海域使用权人通过对规划和建设用海项目实施后可能造成的环境影响进行分析、预测和评估，提出相应预防或者减轻不良环境影响的对策和措施，进行跟踪监测，有利于保护海洋环境。可见，海洋环境影响评价制度在海域资源配置中起到了十分重要的作用，是调整海域资源配置与海洋生态环境关系的重要制度。

4.3 法律制度对海域资源配置的功能分析

4.3.1 海域资源配置法律制度的特性分析

法律制度是指运用法律规范来调整各种社会关系时所形成的各种制度。严格上说，法律规范调整了多少个社会关系就包含有多少种具体的法律制度，如行政法律制度、经济法律制度、婚姻家庭法律制度、诉讼法律制度、教育文化法律制度等。一种良好的法律制度有着三个方面的要素：一是法律的权威；二是良好的司法官员；三是简单易行的诉讼程序。海域资源配置法律制度也不外乎法律制度的特性，是调整海域资源配置法律关系形成的各种制度的统称。海域资源配置法律制度包括以下几个主要特征。

（1）海域资源配置法律制度属于实体法律制度范畴。实体法律制度是指规定人们在政治、经济、文化和社会生活等方面权利与义务关系的法律制度的总称。海域资源配置法律制度的上位法律制度主要是海域使用管理法律制度，主要规范了海域所有权、海域使用权等内容，属于实体法律制度。同时，由于海域资源配置是基于海域资源稀缺性、海域资源在相关群体间的利益分配，海域资源配置法律制度调整的也主要是配置主体的权利与义务关系。可见，海域资源配置法律制度属于实体法律制度范畴。

（2）海域资源配置法律制度离不开程序法律制度。实体法律制度和程序法律制度一个重要的区别在于前者主要是规定权利与义务关系，而后者主要是基于程序来实现权利与义务关系。海域资源配置制度并没有脱离程序法律制度，相反，为了实现海域资源合理配置的目的，其必然通过程序法，即为保证实体法所规定的法律关系主体的权利和义务或职权和职责能够实现，而依托《民事诉讼法》、《行政诉讼法》，甚至《刑事诉讼法》来实现其最终目的。

（3）海域资源配置法律制度具有法律制度通用的相对稳定性、相互独立性和相互关联性等特征。稳定性是法律制度规范性和权威性的客观要求，法律制度是上升为国家意志的统治阶级的意志，具有国家强制性和普遍约束力，享有极大的权威，如果因人废法、徇私枉法，那么，法律就会失信于民，丧失其权威性，海域资源配置法律制度也应具有相对稳定性。但是海域资源配置制度也具备变动性，除了因为法律制度是统治阶级意志的表现，随着统治阶级意志的改变，法律制度也会随之变化，以及国家有权对其进行废止或修改外，还因为海域资源法律制度是以规范权利义务为内容，而决定权利义务的社会关系尤其是经济关系处于不断发展变化之中，因此，海域资源配置法律也必然会变化。同时海域资源配置的 5 个制度也是相互关联的，是有机统一的整体。

（4）海域资源配置法律制度间尽管其作用和功能不相同，但起到相互补充的职能。例如，海域使用论证制度与海洋环境影响评价制度，两者因考量的侧重点不同而发挥不同的功能，海域使用论证侧重海域使用的自然属性，海洋环境影响评价侧重海域使用的生态属性[203]，但这两个制度是海域资源配置的重要保证，海域使用论证制度与海洋环境影响评价制度为海域资源配置评价制度提供了必备的评价因素，本研究在构设海域资源配置流程时，将海域使用论证制度和海洋环境影响评价制度作为一个重要的环节加以考虑。

4.3.2 法律制度对海域资源配置的功能分析

资源配置活动是一种法律性活动[204]，其包含的海域资源产权制度、海域有偿使用制度、海域资源市场交易制度、海域使用论证制度、海洋环境影响评价制度在资源配置活动中起着重要的作用，这种作用主要体现在以下几个方面。

4.3.2.1 法律制度对海域资源配置的控制作用

首先，在海域资源配置过程中，参与资源配置的当事人在法律制度中享有的权利是依照法律而得到的权利，是法律规范下的权利，权利产生于法律之中，权利同时也在法律中结束。

其次，当事人在享受权利的同时，也必然承担对应的法律义务。当事人在运用自己的权利时受到法律制度的控制，法律制度通过控制当事人的权利，从而达到控制资源配置的活动，从一定意义上说，资源配置活动实质就是对权利的配置[205]。当资源配置主体在进行资源配置活动时，滥用自己的权利或超越自己的权利而行为或不行为，都会立即得到来自另一方或某些方的依照法律产生的权利的抵制，迅速地得到控制。

再次，法律制度在资源配置中本身就是有控制作用的，控制和管理是时刻伴随的。

最后，法律制度对资源配置的控制作用除了体现在对当事人权利和义务的规范外，还控制着资源配置的主体、客体以及资源配置的流程。

4.3.2.2　法律制度对海域资源配置的保障作用

资源配置主体的权利和义务是相对的。一方在享有权利的同时，也会相应承担对应的义务，因此，海域资源配置制度的保障作用，主要体现在两个方面：一方面，海域资源法律制度对海域使用权人正当权益给予保护。海域资源配置法律规定的保障措施不外乎是民事救济、行政救济和刑事救济三种途径。另一方面，海域资源配置主体一方滥用自己的权利，损害了其他人的利益时，受损害的一方可以通过法律制度来限制对方，其保障措施甚至可以通过第三方（如法院或行政机关）来矫正对方的不正当行为，使自己的利益恢复原状或者给予适当的补偿。

4.3.2.3　法律制度对海域资源配置的激励作用

法律制度本身是一种激励的机制，一方自觉履行自己的义务，一般情况下都会得到自己预期的结果。如果不正常履行自己的义务，则会受到相应处罚付出对价。并且，法律制度的激励作用是一种正效应激励，资源配置当事主体越是自觉履行自己应尽的义务，其越是容易和迅速地获得自己的预期利益[206]。资源配置法律制度的激励作用主要体现在以下几个方面。

首先，法律制度对海域资源配置的激励作用的诱因与海域资源配置的根本原因是一致的，也就是基于资源的稀缺性。按照市场供求和价格变化规律，供不应求，价格上涨，海域资源越稀缺其价值会增加。基于海域资源的稀缺性，配置主体对海域资源提出需求，通过海域资源评价制度，按照综合评价指数的高低，供海洋行政主管部门选择出"适宜"的海域使用权人，海域使用权按照科学的使用手段来实现海域资源的价值。

其次，法律制度对海域资源配置的激励作用的根本动力是海域使用者对利益最大化的追求。一般而言，法律制度激励作用的强弱，主要与处在法律权利义务分配中的当事人的努力与报酬程度有关，同个人利益（成本）与社会收益（成本）的比例有关。所谓个人的收益是指参与任何交易活动的个人的赢利，而社会的收益则是社会从个体的交易活动中获得的公共利益[207]。这也要求海域资源配置主体采取先进的科学技术方法，合理配置海域资源。

最后，法律制度对海域资源配置的激励作用，反过来同样会促进海域资源的合理配置。法律制度对海域资源配置的激励作用会在海域使用主体与海域资源之间建立绝佳的良性循环，法律制度促使海域使用主体合理利用海域资源，良好的用海秩序同样会给海域使用主体带来相应的经济效益、生态效益和社会效益。

4.3.2.4 法律制度对海域资源配置的竞争作用

在海域资源配置法律制度中，各配置主体之间是平等、自由的，但海域资源配置活动本身具有竞争性，这种竞争除了是配置主体选择上的竞争，也是海域使用中各种先进技术、用海手段的竞争。如一块海域同时是养殖用海，但由于养殖品种、养殖方式、养殖技术等不同，给养殖用海人带来的收益会有差异。因此，引入竞争机制，海域资源才能达到合理的配置。

同时，国家在海域资源配置方面，也是鼓励竞争的。例如，国家在确定海洋功能区划时，在各种海洋产业之间的选择上，会重点安排国家产业政策鼓励的产业、战略性新兴产业和社会公益项目用海。在市场配置海域资源和行政配置海域资源时，从早期严格的政府调控到鼓励发挥市场在海域资源配置中的"基础性"作用，一直到现在的发挥市场在资源配置中的"决定性"作用，如推进海域使用权的招标、拍卖和挂牌出让制度，规范海域使用权转让、出租、抵押行为，建立海域价值评估制度，积极培育海域使用权市场等。通过竞争机制，既维护了海域使用权人的经济利益，实现了效益的最大化，同时也实现了海洋资源的经济效益、社会效益、生态效益等综合效益的最佳化。

4.4 本章小结

构设我国海域资源配置方法，需要考量相关的法律依据、规划、政策和理论依据，本章着重考量了法律依据。本章对我国海域资源配置法律体系的框架结构进行了探讨，研究了我国海域资源配置法律体系的主要内容以及法律制度在海域资源配置中的功能价值，为我国海域资源配置方法的研究提供了法律依据。实际上，我国海域资源配置的法律体系虽然初步形成，但还不健全，构设我国海域资源配置方法既要遵守现行法律法规的规定，同时也要在配置实践中对不健全的地方予以充实和完善。

5

我国海域资源配置方法的
政策与理论依据

　　研究海域资源配置方法，必须以海洋功能区划为依据。此外，国家相关的海洋区划、规划、政策，以及资源与环境经济学、产业经济学、区域经济学、海洋生态经济学等学科中蕴藏的可持续发展理论、产业结构理论、区域经济理论、产权理论等也为海域资源配置方法的研究提供了理论基础。

5.1　我国海域资源配置的科学依据——海洋功能区划

　　如第 2 章所述，我国海域资源配置是在海洋功能区划已经确定该海域基本用海功能的基础上，通过运用一定的配置方法，将海域分配给海域开发利用者，以实现海域资源的综合效益最大化的过程。2012 年 3 月 3 日，《全国海洋功能区划（2011—2020）》经国务院批准实施，该区划将我国全部管辖海域划定了八类海洋功能区：农渔业区、港口航运区、工业与城镇用海区、矿产与能源区、旅游休闲娱乐区、海洋保护区、特殊利用区、保留区，对 2011—2020 年以来，我国管辖海域开发利用和环境保护作出了总体部署和具体安排[208]，该区划确定的全国八类海洋功能类型区是本研究的科学依据。

5.1.1 海洋功能区划的内涵、历史发展和特征

海域是一个立体资源空间，适宜干什么，不适宜干什么，相互之间有什么影响，科学性很强。国家基于合理开发利用海洋资源、保护海洋环境、促进海洋经济发展、统筹协调解决用海矛盾等方面考虑，以立法的形式设置了海洋功能区划制度。海洋功能区划是指根据海洋开发利用的需要，按照海洋的自然属性，包括海洋的自然资源条件、环境状况和地理位置，又兼顾海洋的社会属性，包括海洋开发利用现状和社会经济发展的水平，按照一定的海洋功能标准，对海域划分为不同功能价值和作用的海域单元，用来指导、约束海洋开发利用实践活动，保证海上开发的经济效益、环境效益和社会效益。它既不同于主要根据海洋的自然资源及环境条件进行的海洋自然区划，也不同于主要根据海洋经济发展状况和社会经济发展需要进行的海洋经济区划，是介于海洋自然区划和经济区划之间的一种区划方式。《海域使用管理法》赋予了海洋功能区划较高的法律地位，明确规定所有涉海行业规划，都应当与海洋功能区划相符合或相衔接。

实际上，我国海洋功能区划工作经历了一个较长时间的发展过程。1979 年 8 月，国务院批准国家科委、国家农委、军委总参谋部、国家海洋局和国家水产总局共同启动全国海岸带和海涂资源综合调查工作。1980 年 2 月，在国家海洋局主持召开的全国海岸带和海涂资源综合调查领导小组扩大会议上，最早提出了开展海上区划工作，当时叫"中国海涂资源合理利用区划"，这也是海洋功能区划最早的雏形。随后，国务院 1988 年批准的《国家海洋局"三定"方案》中，首次赋予国家海洋局"组织拟定海洋发展规划和重要海区综合利用区划，会同沿海省、自治区、直辖市划定海洋功能区"的职责。为贯彻落实国务院 1988 年赋予的职责，国家海洋局会同有关部门和沿海省、自治区、直辖市启动了我国第一次海洋功能区划编制工作，这次工作的主要成果有《中国海洋功能区划报告》、《中国海

洋功能区划图集》以及国标《海洋功能区划技术导则》（GB 17108—1997）。第一次全国海洋功能区划工作初步揭示了我国管辖海域自然属性以及与社会经济发展间的关系。

1998 年 5 月，国家海洋局为了发挥海洋功能区划在海域使用管理和海洋环境保护工作中的技术支撑作用，正式启动了第二次全国海洋功能区划编制工作。2001 年 10 月，完成的《全国海洋功能区划》通过了全国海洋功能区划编制工作技术指导组会议审议，2001 年 11 月通过全国海洋功能区划编制工作领导小组会议审议。2002 年 8 月 22 日，国务院批准了《全国海洋功能区划》，并授权国家海洋局发布该区划。同时，《海洋环境保护法》（1999 年新修订）和《海域使用管理法》均确立了海洋功能区划的法律地位，后者还规定了全国海洋功能区划的批准程序。

随着我国海洋开发利用的深入和海洋经济的快速发展，国家海洋局以前两次区划编制工作为基础，依据《海域使用管理法》、《海洋环境保护法》等法律法规，以及国家在海洋开发保护中的方针政策，开始了第三次全国海洋功能区划的修编工作。2012 年 3 月，新编制的《全国海洋功能区划（2011—2020 年）》由国务院正式批准。该区划有效衔接了 2011 年国家"十二五"规划提出的"推进海洋经济发展"战略，对 2011—2020 年我国管辖海域的开发利用和环境保护进行了全面部署和具体安排[209]。《全国海洋功能区划（2011—2020 年）》改变了 2002 年《全国海洋功能区划》确定的十大类海洋功能区（即渔业资源利用和养护区、港口航运区、工程用海区、矿产资源利用区、旅游区、海水资源利用区、海洋能利用区、海洋保护区、特殊利用区、保留区），而是将我国全部管辖海域划分为农渔业区、港口航运区、工业与城镇用海区、矿产与能源区、旅游休闲娱乐区、海洋保护区、特殊利用区、保留区八类海洋功能区。2012 年 10 月，国务院批准了 11 个《省级海洋功能区划（2011—2020 年）》。

5.1.2 海洋功能区划对海域资源配置中的功能分析

如前所述，海域资源配置有两个阶段，资源配置第一阶段的任务主要是由海洋功能区划完成。在海域资源配置的第二阶段，功能区划是基础性、科学性依据，因此，研究海洋功能区划在海域资源配置的功能和作用，也就是要研究海洋功能区划对海域资源配置有哪些具体要求。

（1）海域资源配置须遵循科学的功能区划分类体系

海洋功能区划的核心是根据海域地理区位、自然资源、环境条件和社会经济发展的要求，按照海域功能标准，将海域划分为不同类型的功能区，确定海域的最佳利用功能和使用顺序，以控制和引导海域的使用方向，为合理开发和可持续利用海洋提供科学依据和保障。通俗地讲，海洋功能区划的作用就是为海洋开发、保护和管理提供不同的海域可以做什么样的使用，不可以做什么样的使用；能够干什么，不能够干什么。例如，为保证一定海域主导海洋产业有足够的发展空间，就可以根据该海域的主导功能把与海洋主导产业不协调的非主导产业向外转移，避免干扰主导产业的发展，提高主导产业的发展水平。再如，为正确处理开发利用与治理保护的关系，可以划定各种治理保护区、自然保护区和各种保留区。因此，海洋功能区划要求处理好海洋开发利用与治理保护、局部与整体、近期与长远的关系，综合平衡部门和行业的利益，协调好各海洋产业部门、各地区之间的矛盾，从而达到持续、合理地开发利用海洋资源，并取得最大的社会、经济、资源和环境效益。

（2）海域资源配置必须遵守所在区域的海域开发利用规划

海洋功能区划是海洋开发与管理的基础，也是制定海洋开发利用规划的基础，海洋开发规划不能背离海洋功能区划，海域开发利用规划应根据海洋功能区来制定。不仅是直接利用海域的海水养殖、海洋盐业和海洋旅游业的发展规划应当符合海洋功能区划，就是沿海土地利用规划、城市规划和港口规划等涉及海域使用的规划，也应当与海洋功能区划相衔接。同时，在海洋功能区划中划定的农渔业、港口航运、工业与城镇用海、矿产与能源、旅游休闲娱乐、海洋保护、特殊利用、保留等功能区，是这些海域使用管理中海域使用行政许可的科学依据。

（3）海域资源配置必须有效兼顾当前和将来资源配置的需要

海洋功能区划在编制过程中坚持了六项原则：一是以自然属性为基础，社会属性为辅。海洋不同区域的固有属性包括自然属性和社会属性两个方面。海洋特定区域自然属性的同一性和不同地区自然属性的差异性是划定各种功能区的先决条件，社会属性是划定海洋功能区的第二位因素。如果特定区域不具备一定的特殊自然属性，就不具备相应的功能，就不能划定出这种性质或那种性质的功能区。二是以科学发展为导向。根据经济社会发展的需要，控制或者总量限制有关建设用海规模，统筹安排各行业用海，合理优化海洋第一、第二、第三产业的布局，集约、节约利用各类海域资源。三是以保护渔业为重点。当前渔业用海在资源配置中所占比例在60%以上，渔业资源和生态环境是渔业生产的基础，因此要确保不能挤占、侵占传统的渔业海域，以维系渔业可持续发展，保障渔民增收和渔区安全稳定。四是以保护环境为前提。功能区划需统筹考虑海洋环境保护与陆源污染防治，充分考虑污染物排放、海洋环境突发事件等因素，保护海湾、河口、海岛、滨海湿地等海洋生态系统，加强海洋环境保护和生态建设。五是以陆海统筹为准则。海岸线是极其宝贵的资源，必须严格保护，实行海域空间开发和陆域空间开发联动和统筹。六是以国家安全为关键。海洋权益事关民族存亡，功能区划必须重点保障国防安全和军事用海需求，保护领海基点及周边海域，维护海上交通安全，维护我国海洋权益。

综上所述，海洋功能区划客观要求国家在进行海域资源配置时，首先要采取科学的功能区分类型体系和指标体系，只有科学的东西才具有可行性；其次是要充分考虑客观实际的需要，充分尊重和吸收各部门和各地区现有计划和规划中的合理部分；再次是要充分保持海洋开发的延续性，如果原来划定的开发利用区是合理的或基本合理的，在功能区划时要尽量不改变原有已经形成的功能区；最后是要充分与海洋开发利用技术水平相适应，能有效结合现实状况和未来的发展趋向，为实现当前和未来的海域资源合理配置提供切实的可行性和可操作性的举措。

5.2 国家发展规划和政策依据分析

政策是国家政权机关、党政组织和社会集团为了实现某种利益和意志，以权威形式标准化地规定在一定的历史时期内，应该达到的奋斗目标、遵循的行动原则、完成的明确任务、完成的工作方式、采取的一般步骤和具体措施[210]。政策有鼓励性政策和限制性政策、全国性政策和区域性政策之分[211]。当前，海域使用管理中，国家基于实现一定历史时期的海洋综合管理的路线和基本任务而制定了系列规划和政策，这些规划和政策是我国海域资源配置的重要行动准则。理论是实践的先导，开展海域资源配置，离不开国家发展规划和政策的指导，研究海域资源配置方法，必须坚持以《国家海洋事业发展"十二五"规划》、《国民经济和社会发展第十二个五年规划纲要》以及"五个用海"、提高海洋综合管控能力等政策作为依据。

5.2.1 国家发展规划依据分析

（1）《国民经济和社会发展第十二个五年规划纲要》

2011 年 3 月 14 日，十一届全国人大四次会议批准通过了《国民经济和社会发展第十二个五年规划纲要》（以下简称《纲要》）。《纲要》依据《中共中央关于制定国民经济和社会发展第十二个五年规划的建议》编制而成，全文约 6 万字，共分为 16 篇，主要阐明了国家战略意图，明确了政府工作重点，引导市场主体行为，设计了我国 2011—2015 年国民经济社会发展的宏伟蓝图，是全国各族人民共同的行动纲领，是未来5年我国政府履行经济调节、市场监管、社会管理和公共服务职责的基本依据。《纲要》提出了"十二五"时期我国在经济建设、社会发展、生态文明、改革开放4个大的方面以及经济社会发展16个小的方面的主要任务。具体来说，在经济建设方面，要加快转变经济发展方式，着力调整经济结构，提高经济增长质量和效益，保持经济平稳较快发展；在社会发展方面，要在发展社会事业和改善民生方面取得新进展，不断满足各族群众的新期待，提高人民的幸福感；在生态文明方面，要牢固树立低碳、绿色发展理念，强化节能减排，建设资源节约型、环境友好型的生产方式和消费模式；在改革开放方面，要加快改革攻坚步伐，全面深化开放合作。

特别值得一提的是，《纲要》首次以一章二节的篇幅对海洋工作提出了总体规划，要求推动"海洋经济发展"要"坚持陆海统筹，制定和实施海洋发展战略，提高海洋开发、控制、综合管理能力"，并要采取"优化海洋产业结构"（第十四章第一节）和"加强海洋综合管理"（第十四章第二节）的具体措施。海域资源配置既是执行"推进我国海洋经济发展"的重要体现，也是贯彻"优化海洋产业结构"和"加强海洋综合管理"的具体措施之一。在"优化海洋产业结构"中，提出要"合理开发利用海洋资源"，发展的海洋产业包括运输、渔业、滨海旅游等，新兴产业包括海洋生物医药、海水综合利用、海洋工程装备制造等。同时还要"增强海洋开发利用能力"和"深化港口岸线资源整合和优化港口布局"，"制定实施海洋主体功能区规划，优化海洋经济空间布局"。在"加强海洋综合管理"中，提出要完善海洋综合管理体制，具体业务领域包括海域海岛管理、海洋环境保护、海洋行政执法等，特别提出要"健全海域使用权市场机制"，"控制近海资源过度开发"，"维护海洋资源开发秩序"等。主体功能区规划是当前我国实施国土空间有序开发的重要举措[212]，《纲要》的一章二节内容既给海域资源配置指明了目标，也提出了海域资源合理配置具体需要从海洋产业、海洋开发技术、资源整合、规划和布局、海洋管理体制、执法、环境保护、海域资源市场交易等方面入手。

（2）《全国海洋事业"十二五"发展规划》

2013 年 1 月，国务院批准了《国家海洋事业发展"十二五"规划》，该规划是在立足于国务院 2008 年 2 月批准的《国家海洋事业发展规划纲要》基础上，结合我国当前新形势，根据党的十八大提出的"建设海洋强国"宏伟目标，全面和深入部署了"十二五"期间我国海洋事业发展工作，对"十二五"海洋事业发展提出了总体要求，确定了指导思想、基本原则和发展目标。规划期至 2015 年，远景展望到 2020 年。该规划对海域资源配置最有指导的地方在于该规划将海洋资源列为海洋事业涵盖的 6 大主要内容之一，其他 5 个内容是环境、生态、经济、权益和安全。因此，海域资源配置既要从海洋事业发展的大局出发，还要协调兼顾环境、生态、经济、权益和安全方面。而关于海域资源配置的工作内容主要是包含在该规划部署的"科学养护和利用海洋资源"、"加强海域使用管理"和"加大海洋生态保护和修复力度"3 个主要任务中。

（3）《全国海洋经济发展"十二五"规划》

2003 年 5 月，国务院印发了《全国海洋经济发展规划纲要》，这是世界上沿海国家中第一个由国家最高行政机构颁布实施的海洋经济宏观政策性政府文件，也是我国为促进海洋经济综合发展而制定的第一个宏观指导性文件。2012 年 9 月 16 日，国务院颁发了《全国海洋经济发展"十二五"规划》。该规划科学研判了"十二五"时期海洋经济发展面临的机遇与挑战，确定了"十二五"时期我国海洋经济发展的指导思想、基本原则、主要目标和重点任务。规划全面涉及了海洋经济布局优化、结构调整、科技创新、资源开发利用和生态环境等方面，提出了我国海洋经济发展的保障措施。首先该规划要求海域资源配置必须坚持"统筹陆海资源配置"的原则，也就是说，当前我国海域资源配置不仅要考虑海洋因素，同时要考虑陆域开发，因为海域资源开发和陆域开发是国家空间开发的两个方面，不可偏颇。其次，该规划要求海域资源配置要注重与海洋产业结合，注重对海洋传统产业、海洋战略性新兴产业和海洋服务业的分类指导，要体现"十二五"时期我国海洋经济发展的宏观取向。同时，该规划还要求海域资源配置必须坚持海洋环境保护，在配置中，既要有利于促进海洋资源的有效利用，又要保护海洋生态环境。

5.2.2 国家有关方针政策依据分析

（1）科学发展观

2003 年 7 月，时任国家主席胡锦涛同志立足社会主义初级阶段的基本国情，针对国家如何发展的问题，提出了科学发展观的基本方针。该方针是我国经济社会发展的重要指导方针，是推进各项事业改革和发展的一种方法论。科学发展观的内涵是"坚持以人为本，树立全面、协调、可持续的发展观"，第一要务是发展，核心是以人为本，基本要求是全面协调可持续发展，根本方法是统筹兼顾。

在陆地资源不断减少的前提下，海洋面临着越来越大的压力，海域资源的开发与利用是把"双刃剑"，利用好了对促进国民经济发展的作用无疑是显著的；但控制不好，会导致环境恶化、资源枯竭，使整个国民经济体系遭受巨大损失。因此，海域资源配置要坚持科学发展观，将海域配置给真正能发挥出海域资源综合效益的海域使用权人。例如，海域资源配置中要着重鼓励集约和节约用海，鼓励那些循环经济产业组织开发利用海域，海域资源配置要鼓励实行"低投入、高产出、少排污、可循环"等政策。

（2）"五个用海"理念

"五个用海"理念始于 2011 年 9 月 28 日时任国家海洋局党组书记、局长刘赐贵在《人民日报》第 11 版署名发表的《开发利用海洋资源必须坚持"五个用海"》一文，而后被国务院颁布实施的《全国海洋功能区划（2011—2020年）》采纳和确认。"五个用海"为海域资源配置提供了新的理念。"五个用海"具体包括规划用海、集约用海、生态用海、科技用海和依法用海[213]。

具体来说，"规划用海"要求通过建立海洋空间和资源规划体系，用海实行整体性、长远性、战略性布局，近海要推进，深海开发要拓展。"集约用海"是要转变海洋经济增长方式，禁止分散用海、粗放用海，实行规模用海，提高单位岸线和用海面积的投资强度，调结构、促关系，实现海域资源的合理配置。"生态用海"要坚持资源开发与生态保护并举，按照整体、协调、优化和循环的思路，走可持续开发。"科技用海"是要提高海洋科技开发能力和水平，以科技带动海洋资源开发和环境生态保护。"依法用海"是要坚持法治原则，海域资源开发要严格执行海域使用管理法律法规、配套制度和政策，有法必依、违法必究[214]。

（3）"用海综合管控能力建设"方针

鉴于目前我国海洋管理政出多门、多头管理，难以对海洋形成有效管理的合力的现状，国家海洋局提出了"用海管控能力建设"方针。由于我国海洋开发利用对海域资源的刚性需求持续上升，行业用海矛盾日益突出，海域、海岸线等空间资源的稀缺性逐步显现等，海域资源配置同样应该以提高"用海综合管控能力"为目标。一方面需要做好与环保部门、执法部门的协调机制；另一方面需要切实采取有效的措施，例如切实贯彻海洋功能区划、严格制定围填海计划管理制度等[215]。

此外，党的十八大报告提出的"优化国土空间开发格局"、党的十八届三中全会提出的"市场在资源配置中起决定性作用"以及2014年国务院政府工作报告提出的"完善政绩考核评价体系"等政策也为海域资源配置方法研究提供了重要依据。

5.3　海洋经济学理论依据分析

按照国家标准《海洋及相关产业分类》（GB/T 20794—2006），海洋经济是开发、利用和保护海洋的各类产业活动以及与之相关联活动的总和（图 5 – 1）。海洋经济学是以海洋开发利用的经济关系及其经济活动规律为研究对象的，介于海洋科学与经济科学之间的新兴边缘学科。由于海洋经济具有整体性、综合性、公共性、高技术性和国际性的特点，作为揭示海洋经济发展规律的海洋经济学而言，海洋经济学的研究任务还可以从微观和宏观两个层面来说明[216]。从微观层面上，海洋经济学主要是研究企业和个人的生产、交换和消费问题；从宏观层面上，海洋经济学主要是研究海洋经济与国民经济及其他部门经济之间的关系问题，具体研究对象包括海洋经济活动中经济规律与自然规律的相互关系和作用形式、海洋产业发展的特点和规律、海洋区域经济发展的特点和规律、海洋资源配置和可持续利用等方面。海洋经济学根据研究内容的侧重点，又能划分为若干个学科，目前主流的有海洋区域经济学、海洋资源与环境经济学、海洋产业经济学、海洋生态经济学、产权经济学和新制度经济学等，但无论怎么划分，海域资源配置始终是海洋经济学的重要研究内容。并且，马克思政治经济学中也包含着对资源配置的理论[217]。因此，海域资源配置离不开海洋经济学基础理论的指导。本节着重研究海洋资源与环境经济学、海洋产业经济学理论对海域资源配置的指导意义。

5.3.1　资源与环境经济学理论

资源与环境经济学是利用现代经济学的方法研究自然资源与环境资源配置问题的科学，或者说是分析与解决自然资源与环境问题的科学[218]。如前所述，海域资源是以海域作为依托，在海洋自然力作用下生成的广泛分布于整个海域内，能够适应或满足人类物质、文化及精神需求的一种被

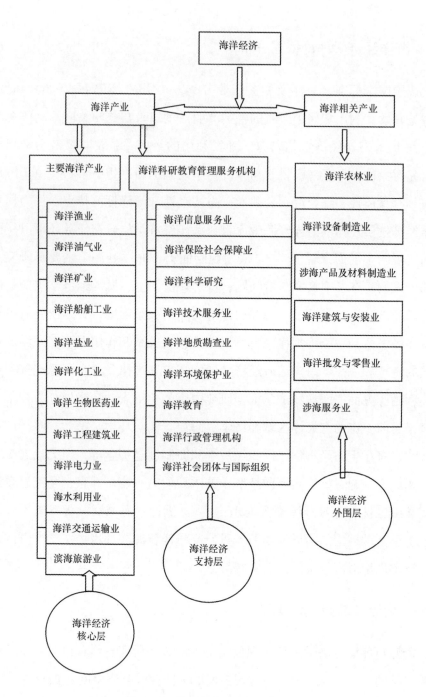

图 5 - 1　我国海洋经济的系统构成

依据国家标准《海洋及相关产业分类》（GB/T 20794—2006）

人类开发和利用的自然或社会的资源。因此海域资源是资源与环境经济学研究的客观对象之一。资源与环境经济学的理论主要包括环境经济手段理论、环境资源价值评估理论、绿色国民经济核算理论、循环经济理论等，其最为核心的是海洋可持续理论。海域资源具有不可再生性。为避免当代人过多地占有和使用本应属于后代人的财富特别是自然财富，过度追求当前经济增长，要求实现海域资源的可持续开发利用，这也是在开展海域资源配置方法研究时，选择海域资源配置评价指标时必须坚持的原则。

5.3.1.1 资源与环境经济学的核心理论——海洋可持续发展理论

可持续发展理论经历了由弱可持续发展到强可持续发展的转变。早期的可持续发展主要是弱可持续发展，是指经济、社会和环境三种资源可能存在可持续或不可持续的情况。该理论的基本背景是自 20 世纪 80 年代初起出现的世界范围的环境革命。1972 年 6 月在斯德哥尔摩通过的联合国《人类环境宣言》，提出了"可持续发展"这一全新概念。1990 年第 45 届联合国大会做出决议，敦促沿海国家把海洋开发列入国家发展战略。1992 年 6 月在巴西里约热内卢召开的联合国环境与发展大会，通过了《里约环境与发展宣言》、《21 世纪议程》两个纲领性文件和《关于森林问题的原则声明》，签署了联合国《气候变化框架公约》和《生物多样性公约》，并庄严宣告："人类处于普受关注的可持续发展问题的中心。他们应享有以与自然相和谐的方式过健康而富有生产成果的生活的权利。[219]" 1982 年通过、1994 年生效的《联合国海洋法公约》明确将公海和国际海底区域及其资源认为是人类的共同继承财产。这些文件都蕴含了一个重要的思想，即"可持续发展"的战略思想，并提出了实现可持续发展的途径和方法[220]。其中《21 世纪议程》就是在全球实行可持续发展的行动纲领。《里约环境与发展宣言》、《21 世纪议程》在联合国《人类环境宣言》的基础上把"可持续发展"思想再推进一步。

可持续发展理论是一个综合性概念，涉及经济、社会、文化、技术与自然环境等方面[221]。传统的经济发展模式属于"高消耗、高投入、高污染"的模式，这种模式会导致自然资源的过度损耗、生态平衡的破坏、经济发展的不平衡，是一种不可持续的生产和消费模式。世界环境与发展委员会（WCED）定义可持续发展模式为："既满足当代人的需要，又不对后代人满足其需要的能力构成危害的发展。"世界银行在1992年度《世界发展报告》中认为可持续发展要建立在成本效益比较和审慎经济分析基础之上。《里约环境与发展宣言》则将其进一步阐释为："人类应享有以与自然和谐的方式过健康而富有生产成果的生活权利，并公平地满足今世后代在发展与环境方面的需要。"[222]可持续发展走的道路自然是与"不可持续发展"相反的路子，充分考虑了自然资源和生态环境的长期承载能力，考虑了眼前和长远利益，因此，无论是发达国家还是发展中国家，都应该走可持续发展的道路[223]。2012年8月12日，国际展览局（BIE）在韩国宣读的《丽水宣言》在保护海洋环境和可持续利用的方案中，呼吁要"持续管理海洋资源"。

2012年6月的"里约+20"峰会提出了"强可持续发展"的理论。强可持续发展是指经济、社会和环境三种资源都得到可持续发展的模式，是对弱可持续发展理念的一种转变。弱可持续发展和强可持续发展这两种范式争论的焦点在于判断自然资本与人造资本的替代性问题以及至关重要的自然资本度量问题的方式和标准[224]。强可持续发展强调：地球关键自然资本的非减发展，意味着人类经济社会发展必须尊重地球边界和自然极限。在提高人造资本的自然资源生产率的同时，要将投资从传统的消耗自然资本转向维护和扩展自然资本。海洋资源无疑是地球的关键自然资本之一，在海洋资源配置中，必须以强可持续发展的理念为引领。

5.3.1.2 海洋可持续发展理论对海域资源配置的指导价值

海洋是全球生命支持系统的一个基本组成部分，也是一种有助于实现可持续发展的宝贵财富。海洋作为资源的一种，为了对海洋中的不可再生资源进行最优效率的应用，为了使得海洋环境的自净和消纳能力超过陆源污染物排放速度，走可持续发展的道路是必然选择。海洋可持续发展包括社会、海洋经济、海洋生态、海洋资源4个方面，社会方面要求公平、公正、合理分配海域资源，经济方面要坚持海洋经济持续快速稳定发展，生态方面要求人和海洋和谐相处，资源方面要求平衡发展、代际公平。"可持续发展"提高了人们对环境问题认识的广度和深度，而且把环境问题与资源、经济、社会发展结合起来[225]，树立了环境与资源、经济、社会发展相互协调的观点，找到了被普遍接受的在发展中解决环境与资源开发问题的正确道路。海洋可持续发展观对海域资源配置有重要指导价值，表现在以下几个方面。

（1）必须意识到海域资源的存量、环境的自净能力和消纳能力是有限的，海域资源具有稀缺性成为海洋经济发展的限制条件，而海洋经济是国民经济新的增长极，海洋经济不可持续发展势必影响到整个社会经济的增长[226]。

（2）在经济发展过程中，当代人除了考虑自身的利益外，更重要的是要考虑到后代人的利益。因此，可持续发展观要求在进行海域资源配置时，必须考虑跨代配置问题。跨代配置是指当代人要记得给后代发展经济留有余地，当代人在配置资源时不能只考虑眼前，而要从后代人利益的角度来考虑环境资产和自然资源的跨代配置问题。当代人不能"吃祖宗饭、砸子孙碗"，而是应该公平分担保护海域资源的义务。

（3）可持续发展理论的基础是自然资源的可持续利用和良好的生态环境，前提是经济可持续发展，目标是人类社会的全面进步。因此，可持续发展理论要求海域资源配置过程中，要考虑社会各行各业用海需求和用海的权利，水产、交通、盐业、石油、旅游、城镇建设等行业均享有公平分配岸线、滩涂和海域的权利。

（4）海域的可持续利用还应该包括国家间公平分享海洋利益，一方面要按照 1982 年《联合国海洋法公约》公平划定国家间的海域边界，国际社会共同管理公海生物资源和国际海底矿产资源；另一方面，发达国家应该承担比发展中国家更多的保护海洋环境的责任。

5.3.2 产业经济学理论

产业经济学属于应用经济学科。产业经济学的理论框架包括产业结构理论和产业组织理论两个方面[227]。产业结构着重研究资源在产业之间配置的构成及其关系，具体研究内容包括两个：一是产业结构在一定时期内的均衡状况以及实现均衡的条件；另一个是产业结构的演变规律及其原因[228]。而产业组织理论的研究内容是各种市场结构、企业行为和经济绩效以及它们之间的相互关联性。产业组织理论和产业结构理论相互区别，但又是相辅相成的。两者最大的区别在于产业结构理论是宏观经济学领域，产业组织理论是微观经济学领域。考虑到海洋产业组织的研究内容侧重于研究企业之间的微观经济关系[229]，其对海域资源配置的影响作用主要是基于企业之间的竞争机制。本研究主要是选择产业结构理论对海域资源配置的指导作用。

5.3.2.1 产业分类及我国海洋产业分类

产业由于观察问题的角度不同，其分类也多种多样。我国产业结构主要是两大部类分类法和三次产业分类法[230]。前者是把物质生产领域的活动划分为生产资料的部门和消费资料的部门。生产资料部门为第一部类，消费资料部门为第二部类。后者就是把全部经济活动划分为三个部分：第一产业、第二产业和第三产业[231]。此外，还存在基础产业与加工产业分类法、资源集约分类法等，但对我国产业分类影响不大[232]。

考虑到与现行适用的海洋产业分类标准相对应，本研究采用的现行产业分类标准使用的依据是《国民经济行业分类》（GB/T 4754—2002）。该标准将我国国民经济三次产业划分范围如下：第一产业是指农、林、牧、渔业；第二产业是采矿业，制造业，电力、燃气及水的生产和供应业，建筑业；第三产业是指除第一、第二产业之外的其他行业，包括，交通运输、仓储和邮政业，信息传输、计算机服务和软件业[233]，等等。

具体到海洋产业，当前我国的海洋产业分类经历了一个过程，现今的海洋产业分类主要是依据国家标准《海洋及相关产业分类》（GB/T 20794—2006），我国包括 12 个主要海洋产业，即：海洋渔业、海洋矿业、海洋油气业、海洋船舶工业、海洋盐业、海洋化工业、海洋工程建筑业、海洋生物医药业、海洋电力业、海水利用业、海洋交通运输业、滨海旅游业。

值得一提的是，《海洋及相关产业分类》（GB/T 20794—2006）确定的海洋产业标准依据的是 2002 年的《国民经济行业分类》（GB/T 4754—2002），而不是 2011 年的《国民经济行业分类》（GB/T 4754—2011）。关于《海洋及相关产业分类》修改稿的编制工作目前已由国家海洋信息中心承担完成。

我国海洋三次产业分类，即第一、第二、第三海洋产业结构，是按照海洋产业发展次序分类构成的海洋产业结构。按照国家标准《海洋及相关产业分类》（GB/T 20794—2006），从大类上分，海洋第一产业包括海洋渔业中的养殖、捕捞、渔业服务业和海洋农、林业及海洋农、林业服务业；海洋第二产业包括海洋渔业中的水产品加工、海洋油气业、海洋矿业、海洋船舶工业、海洋盐业、海洋化工业、海洋生物医药业、海洋工程建筑业、海洋电力业、海水利用业和海洋设备制造业、涉海产品及材料制造业、海洋建筑与安装业；海洋第三产业包括海洋交通运输业、滨海旅游业和海洋批发与零售业、涉海服务业。按照我国《海域使用分类》（HY/T 123—2009），每种产业可对应相应的主要用海类型（表 5 - 1）。

表5-1 我国主要海洋产业及对应的用海类型

序号	2001年前	2001年至今	对应的主要用海类型	所占百分比（以2012年的数据为统计口径）（%）
1	海洋水产	海洋渔业	渔业用海	92.72
2	海洋运输	海洋油气业	工业用海（油气开采用海）	3.22
3	海洋盐业	海洋矿业	工业用海（固体矿产开采用海）	3.22
4	滨海砂矿	海洋船舶工业	工业用海（船舶工业用海）	3.22
5	海洋油气	海洋盐业	工业用海（盐业用海）	3.22
6	滨海旅游	海洋化工业	工业用海（其他工业用海）	3.22
7	沿海造船	海洋生物医药业	渔业用海、工业用海（其他工业用海）	—
8	—	海洋工程建筑业	工业用海、交通运输用海、旅游娱乐用海、海底工程用海、造地工程用海、特殊用海	—
9	—	海洋电力业	工业用海（电力工业用海）	3.22
10	—	海水利用业	工业用海（海水综合利用用海）	3.22
11	—	海洋交通运输业	交通运输用海	2.22
12	—	滨海旅游业	旅游娱乐用海	0.52

有关数据来源：国家海洋局公布的《2012年海域使用管理公报》。

5.3.2.2 我国海洋产业结构

海洋产业结构是在海洋产业分类的基础上，各个产业部门在海洋经济整体中的相互联系及其比例关系的体现[234]。目前，海洋产业结构主要包括三个结构：第一、第二、第三海洋产业结构；传统、新兴与未来海洋产业结构；部门海洋产业结构。海洋产业结构是海洋经济的基本结构，是决定海洋经济的其他结构，如就业结构、地区结构和技术结构的重要因素[235]。因此，海洋产业结构对海域资源配置有重要影响。

（1）第一、第二、第三海洋产业结构

第一、第二、第三海洋产业结构指的是第一、第二、第三海洋产业总产值结构比例[236]。2001 年，我国海洋产业结构第一、第二、第三产业总产值结构比例为 1∶6.42∶7.30；2005 年，我国海洋产业结构第一、第二、第三产业总产值结构比例为 1∶7.98∶8.54；2011 年，我国海洋产业结构第一、第二、第三产业总产值结构比例为 1∶9.10∶9.00[237]，如表 5-2 所示。

表 5-2　2001—2011 年我国第一、第二、第三海洋产业结构

年份	海洋生产总值（亿元）			
	总数	第一产业	第二产业	第三产业
2001	9 518.4	646.3	4 152.1	4 720.1
2002	11 270.5	730.0	4 866.2	5 674.3
2003	11 952.3	766.2	5 367.6	5 818.5
2004	14 662.0	851.0	6 662.8	7 148.2
2005	17 655.6	1 008.9	8 046.9	8 599.8
2006	21 592.4	1 228.8	10 217.8	10 145.7
2007	25 618.7	1 395.4	12 011.0	12 212.3
2008	29 718.0	1 694.3	13 735.3	14 288.4
2009	32 277.6	1 857.7	14 980.3	15 439.5
2010	39 572.7	2 008.0	18 935.0	18 629.8
2011	45 496.0	2 381.9	21 685.6	21 428.5

资料来源：《中国海洋统计年鉴（2012）》。

可见，我国海洋经济三次产业结构不断调整，第二、第三产业比重不断提高，第一产业比重最小，第二、第三产业比重远远高于第一产业，我国海洋"一、二、三"次产业结构顺序正向"三、二、一"次产业结构顺序发展。同时，在沿海省市，海洋第一、第二、第三产业的比值也呈现出"三、二、一"或者"二、三、一"的格局。2011 年的情况如表 5-3 所示。

表 5 - 3　2011 年沿海地区海洋生产总值构成　　　　　　　　单位:%

省（市、自治区）	海洋生产总值	第一产业	第二产业	第三产业
合　计	100.0	5.2	47.7	47.1
天　津	100.0	0.2	68.5	31.3
河　北	100.0	4.2	56.1	39.7
辽　宁	100.0	13.1	43.2	43.7
上　海	100.0	0.1	39.1	60.8
江　苏	100.0	3.2	54.0	42.8
浙　江	100.0	7.7	44.6	47.7
福　建	100.0	8.4	43.6	48.0
山　东	100.0	6.7	49.3	43.9
广　东	100.0	2.5	46.9	50.6
广　西	100.0	20.7	37.6	41.8
海　南	100.0	20.2	19.9	59.9

资料来源:《中国海洋统计年鉴（2012）》。

（2）部门海洋产业结构

部门海洋产业结构是应用部门分类法对海洋产业进行分类形成的海洋产业结构。2011 年，我国海洋产业部门产值及构成如表 5 -4 所示。

表 5 - 4　2011 年我国海洋产业产值的部门构成

主要海洋产业	增加值（亿元）	比上年增长（%）（按可比价计算）
合　计	18 865.2	9.9
海洋渔业	3 202.9	1.1
海洋油气业	1 719.7	6.0
海洋矿业	53.3	2.6
海洋盐业	76.8	7.4
海洋船舶工业	1 352.0	10.8

续表

主要海洋产业	增加值（亿元）	比上年增长（%）（按可比价计算）
海洋化工业	695.9	3.2
海洋生物医药业	150.8	21.3
海洋工程建筑业	1 086.8	13.9
海洋电力业	59.2	52.8
海水利用业	10.4	11.9
海洋交通运输业	4 217.5	10.8
滨海旅游业	6 239.9	12.1

资料来源：《中国海洋统计年鉴（2012）》。

可见，滨海旅游业、海洋交通运输业、海洋油气业和海洋渔业已经成为我国海洋经济发展的四大支柱产业。其中，滨海旅游业高居首位。

（3）地区海洋产业结构

我国的地区海洋产业结构以行政区划来划分，可以分为天津、河北、辽宁、上海、江苏、浙江、福建、山东、广东、广西和海南 11 个沿海省市、自治区的海洋产业结构。目前，尽管我国海洋产业总体上发展迅速，但存在产业部门和地区间的发展不平衡的问题[238]。海洋产业发展的总体态势是"南强北弱"，海洋产业工业化程度地区性差距很大，工业化水平较为发达地区是天津、上海和广东等地区。2011 年沿海地区生产总值及第一、第二、第三产业情况如表 5－5 所示。

表 5－5　2011 年沿海地区海洋生产总值及第一、第二、第三产业情况

省（市、自治区）	海洋生产总值（亿元）				海洋生产总值占沿海地区生产总值比重（%）
	总数	第一产业	第二产业	第三产业	
合　计	45 496.0	2 381.9	21 685.6	21 428.5	15.7
天　津	3 519.3	7.2	2 410.4	1 101.7	31.1
河　北	1 451.4	61.1	813.7	576.5	5.9

续表

省（市、自治区）	海洋生产总值（亿元）				海洋生产总值占沿海地区生产总值比重（%）
	总数	第一产业	第二产业	第三产业	
辽　宁	3 345.5	437.1	1 445.7	1 462.7	15.1
上　海	5 618.5	3.8	2 196.8	3 417.9	29.3
江　苏	4 253.1	135.6	2 297.0	1 820.6	8.7
浙　江	4 536.8	350.4	2 022.2	2 164.2	14.0
福　建	4 284.0	361.4	1 866.0	2 056.6	24.4
山　东	8 029.0	540.9	3 961.9	3 526.3	17.7
广　东	9 191.1	225.8	4 311.4	4 654.0	17.3
广　西	613.8	126.8	230.6	256.4	5.2
海　南	653.5	131.9	130.0	391.6	25.9

资料来源：《中国海洋统计年鉴（2012）》。

（4）传统、新兴与未来海洋产业结构

传统、新兴与未来海洋产业结构是根据海洋产业发展的时序并参照技术因素分类形成的海洋产业结构。根据国家海洋局发布的海洋产业标准，我国海洋产业还可以划分为三类：一类传统产业，主要包括海洋交通运输、海洋盐业、海洋水产；二类新兴产业，主要包括海洋油气、滨海旅游、滨海砂矿和海洋船舶工业；三是未来产业，主要包括海洋生物制品、海洋药物业、海洋能利用、海水化学资源开发和深海采矿等[239]，见表5－6。

表5－6　我国传统、新兴和未来海洋产业增加值　　　单位：亿元

	年份	2001	2002	2003	2004	2005	2006	2007	2008	2009
传统海洋产业	海洋渔业	966.0	1 091.2	1 145	1 271.2	1 507.6	1 708.1	1 910	2 228.6	2 440.8
	海洋运输业	1 316.4	1 507.4	1 752.5	2 030.7	2 373.3	2 842.1	3 353.1	3 499.3	3 146.6
	海洋盐业	32.6	34.2	28.4	39.0	39.1	40.9	47.5	43.6	43.6

年份		2001	2002	2003	2004	2005	2006	2007	2008	2009
新兴海洋产业	海洋油气业	176.8	181.8	257.0	345.1	528.2	668.9	691.6	1 020.5	614.1
	滨海旅游业	1 072.0	1 523.7	1 105.8	1 522.0	2 010.6	2 619.6	3 225.8	3 766.4	4 352.3
未来海洋产业	海洋医药	5.7	13.2	16.5	19.0	28.6	28.3	43.7	56.6	52.1
	海洋能利用	1.1	1.3	1.7	2.4	3.0	3.5	4.2	7.4	7.8

资料来源：根据 2002—2010 年《中国海洋统计年鉴》原始数据计算。

如表 5 - 6 所示，2001—2009 年期间，我国传统海洋产业稳步增长，如海洋渔业、海洋运输业、海洋盐业等；新兴海洋产业发展迅速，如海洋油气业、滨海旅游业等；未来海洋产业持续增长，如海洋医药业、海洋能利用业等，但传统海洋产业仍占主导地位。

5.3.2.3　我国海洋产业结构对资源配置的价值分析

对一个国家的海洋经济发展来说，海洋产业结构是否合理起关键性作用，海洋产业科学技术水平是海洋经济发展的基本动力，而海洋产业结构合理则是海洋经济持续、稳步发展的基本途径[240]。因此，海域资源在配置过程中，必须认真考虑并应当遵循产业发展的一般规律和海洋产业发展的特殊规律，开展海域资源配置方法研究也需要遵守和利用这一规律。

（1）海域资源配置应遵循产业结构之间协调发展的一般规律。海洋产业结构在空间结构上具有并存性，具体说就是一个地区在海洋资源数量允许的情况下，第一产业、第二产业和第三产业之间应该综合发展，而不能过于侧重或者偏废任何一个产业。但并存发展绝非平均发展，相反，每一个地区应根据自己所在海域的资源优势、资源基本情况而选择相应的产业比例。

（2）海域资源配置还要遵循产业结构动态序列替代的原则，也就是说，在海洋产业结构演进过程中的不同发展阶段，应努力促进海洋产业结构由低级向高级发展。当前，第一产业虽然所占比重很大，但仍存在持续发展的可能；第二产业尚处在起步阶段，但仍然存在较大的发展潜力；第三产业虽有发展，但比值仍然偏低，特别是我国海洋信息咨询服务业发展滞后。因此，在海洋第一、第二、第三产业应该遵循动态序列替代原则，逐步实现海洋产业结构由"一、二、三"序列向"二、一、三"序列或者是"三、二、一"序列转化，最终实现海洋产业结构的高级化。

（3）海域资源配置必须科学对待海洋传统产业和新兴产业的关系。海洋渔业、海洋运输业和海洋盐业等海洋传统产业在我国海洋产业中占据80%以上，因此传统产业的发展影响整个海洋产业的水平。目前，我国海洋产业层次水平低与传统产业的发展现状直接相关[241]。因此，必须对传统海洋产业进行提升。从技术改造、提高技术含量和产品档次上入手，开展产业创新。在条件允许的情况，将传统产业转变为新兴产业。同时，海洋新兴产业比重偏低，且对海域资源以及生态环境依赖较大，新兴产业对海洋经济的贡献率也不高，这就要求在海域资源配置中，要重视海域资源的勘探调查、技术储备系统研发等基础研究，不断提高新兴产业的产值和贡献率，逐步使新兴产业成为海洋产业的支柱性产业。

（4）海域资源配置要高度重视战略产业。目前学术界对战略产业的内涵并没有一个统一的定义，有战略产业、主导产业、支柱产业和优势产业等多种称谓。通常意义上说一个产业具有战略性，是指该产业在国家经济发展中占有重要地位，能够体现国家的战略意图，对国民经济运行有着重要的影响力，所以，海域资源在配置时必须着重考虑。

5.3.3　区域经济学理论

区域经济学的研究基础就是缘于各地区的资源禀赋不同，从而提出各地区在发展经济的过程中要结合本地区的区位优劣势以及自然资源禀赋的差异，选择适合本地区的发展模式和发展道路[242]。在市场经济条件下，任何一个区域的经济发展都是由其具有优势的产业的发展所决定的，区域经济在本质上来说就是特色经济，其特色具体体现为区域经济优势。区域经济发展同样面临着资源的稀缺性和需求无限性之间的矛盾，因此，区域经济要发展也需要开展区域资源优化配置。区域资源优化配置，是指按照一定的原则在不同时间、不同部门间合理分配资源。优化区域资源配置的根本途径在于提高区域资源配置能力。区域资源配置能力由资源配置规模、配置强度、配置结构以及配置效果等组成[243]。

我国沿海各地区的海域资源差异较大，在进行海域资源配置时必须着重考虑区位特色优势，如有些地区较适宜发展海洋渔业，有些地区接壤国家级经济开发区，发展海运业具有区位优势，有些地区由于旅游资源丰富，优先开发海洋旅游资源更为有利等。因此，由于海域资源的稀缺性和使用上的排他性，海域资源的优化配置需建立在区域经济学的理论基础之上。

5.3.4 产权经济学理论

科斯分别于 1937 年和 1960 年发表的《企业的性质》及《社会成本问题》这两篇论文奠定了他在经济学界的地位，也由此开创了经济学的新流派——新制度经济学。新制度经济学派批判、继承了新古典主义，强调对真实世界的解释，试图建立具有解释和预测双重能力的理论。制度经济学的主要研究对象是产权关系，产权经济学是属于制度经济学的分支[244]，关于海域产权在第 3 章已经有所阐述，产权是有效利用、交换、保存、管理资源和对资源进行投资的先决条件，也是海域资源有效配置的前置条件。产权制度是经济制度的基础，海域产权制度是海域资源配置的有机构成。正常的市场机制通常是资源在不同用途之间和不同时间上配置的有效机制，因此资源配置必须遵循产权经济学理论。

产权理论首推"科斯定理"。1960 年，科斯在其《社会成本问题》

中，提出了著名的"科斯定理"，即"当各方能够无成本地讨价还价并对大家有利时，无论产权如何界定，最终将是有效率的[245]"。科斯定理的主要内容是：只要交易费用为零，产权的初始界定不影响资源的最终配置，能够满足帕累托最优。科斯提出了解决外部性的市场方案，并认为：解决共有财产资源的外部性，只要产权界定清晰、交易费用足够低，当事人之间是可以通过自行协商、讨价还价来将外部效应内部化，因此，市场本身具有解决外部性的机制，并非只有通过政府才能解决外部性问题。尽管后来很多学者，例如施蒂格勒在 1966 年出版的《价格理论》中首次提出了"高斯定理"来解释"科斯定理"："在完全竞争的条件下，私人成本和社会成本将会相等。[246]"哈罗德·德姆塞茨在其著作《所有权、控制与企业——论经济活动的组织》中认为"科斯所分析的中心问题是，正是由于潜在成本的激励，人们才会采取行动去改善各种可能存在的外部性问题"，"所分析问题的核心是市场自身存在着解决外部性这类市场失灵的内在机制[247]"。张五常认为"产权的界定是市场交易的必要前提[248]"。产权界定清楚了，才能谈市场交易，才能谈资源配置问题。

科斯的产权理论对后来学术界产生了深远的影响，科斯产权理论认为当存在交易费用时，不同的产权配置和调整会产生不同的资源配置状况及相应的效率结果[249]。当存在交易费用的情况下，人们从自身利益考虑，往往会考虑交易的成本和收益比例问题，当产权明晰后，人们为了提高收益，往往努力去减少成本消耗，充分利用拥有的资源，在这种背景下，促使人们自觉地去合理配置拥有的资源，资源配置达到优化。

由于海域资源具有共有财产资源的性质，在使用上就具有了非竞争性和非排他性[250]。当前，我们进行海域资源配置的时候，首先要明确海域资源的产权，即海域所有权和海域使用权的关系问题。海域使用权是海域所有权的一个具体权能，海域所有权是国家的，海域使用权是可以通过海域资源交易市场获取的。可见，没有产权的社会是一个效率绝对低下、资源配置无效的社会。海域产权应该具有以下特征：清晰性、排他性、可转让性。产权清晰是资源配置的前置条件，有排他性才能真正保护自己的切身利益，可转让性才能使得海域资源市场交易机制能真正运转起来，才能使得海域发挥其实际价值，甚至是高于实际价值都是可以允许的，而且，可转让性使得海域产权具备了市场经济的某种特质。提高海域资源配置效率，关键因素之一是海域资源交易市场是否充分、有效，而前提是海域资源产权制度的界定是否清晰。

5.3.5　海洋生态经济学理论

生态学是研究生物生存条件、生物及其群体与环境相互作用的过程及其规律的科学，其目的是指导人与生物圈（即自然、资源与环境）的协调发展[251]。海洋生态经济学强调海洋生物之间、海洋生物与海洋环境、海洋生态与海洋经济之间是相互依存、相互制约的统一整体，揭示了生态演化的规律，提出了海洋生态平衡等系列理论。Robert Costanza 把生态服务系统归纳为 17 种类型，海洋生态系统的服务功能占全球的 62%。生态价值量最高达 209 490 亿美元[252]。海域资源是关系到人类生产发展的重要战略性资源，同时又关系到生态系统的完整性[253]，海域资源在配置中，牵涉到资源与生态环境之间的关系。因此，海洋生态平衡理论是资源配置的重要依据。

海洋生态系统的平衡状态是海洋生态系统稳定的象征，也是海洋生态系统进一步演化、进化的前提，同时，也是人与海洋处于和谐状态的体现[254]。但海洋生态平衡是一种相对的动态平衡，这种动态平衡是在海洋生态系统的发展演化过程中，凭借其内部组成部分之间和系统外部环境之间的相互联系、相互作用，通过不断调整系统内部的结构和功能而逐步实现的。

破坏海洋生态平衡的主要因素有两类：第一类是自然的因素，例如气候变化、火山爆发、地震、海啸等所带来的失调；另一类是人为因素，主要包括过度捕捞、海洋生物衰竭、海洋溢油等环境污染。人类的活动将各种物质和能量过量引入海洋，人类对海洋资源的不适当开发干扰了海洋生态系统的正常运行，甚至给海洋生态系统带来灾难性的危害。经统计，1973—2006 年，我国沿海船舶溢油污染事件共发生 2 635 起，总溢油量达到了 3.71×10^4 t[255]，船舶溢油污染严重损害了我国近海海洋环境，影响了人民的生活，阻碍国家经济的正常发展。海洋生态系统一旦受到破坏、失去平衡的话，那将给与海洋休戚相关的人类带来严重的危害。而且，修复被损害的海洋生态系统非常困难。因此，海域资源配置必须实施有效的管理，保持海洋生态系统的结构平衡和功能稳定，维护海洋生态系统的良性循环，才能达到海洋可持续开发和利用。

5.4 本章小结

理论是实践的先导，思想是行动的指南，没有科学理论指导的研究始终是不稳定、不科学的。因此，本研究探讨海域资源配置方法问题，着重探讨了海域资源配置方法所要依据的海洋功能区划，国家相关的海洋区划、规划、政策，以及资源与环境经济学、产业经济学、区域经济学、海洋生态经济学等学科中蕴含的可持续发展理论、产业结构理论、区域经济理论、产权理论等理论。第 6 章和第 7 章构设的海域资源配置方法和相关举措也正是充分依据了上述规划、政策和理论，使得该方法和举措具备了一定的适用性和前瞻性。

6

我国海域资源配置方法研究

  根据第 1 章和第 2 章的研究分析，我国海域资源配置是在海洋功能区划已经确定该海域基本用海功能的基础上，通过运用一定的配置方法，将海域分配给海域开发利用者，以实现海域资源的综合效益最大化的过程。我国海域资源配置的直接目标是针对特定海域，运用配置方法，找到"适宜"的用海者。但是，从我国海域资源配置的发展历程和现状（第 3 章）来看，目前国家在海域资源配置方式上是以行政配置为主、市场配置为辅，市场配置在资源配置中并没有体现出"决定性"作用来，同时资源配置制度不健全，作为资源配置经济杠杆的海域使用金对资源配置未充分发挥出应有的引导和调节功能，使得海域资源作为国家日益稀缺的基础性自然资源和战略性经济资源的综合价值未得到实现。在海域资源行政配置中，一些政府部门往往过于注重经济效益，忽视环境甚至以牺牲环境为代价去攫取"政绩"。在海域资源市场配置中，通常以竞价高者取得海域使用权，海域资源配置的结果与经济效益直接挂钩，依靠这种方式配置出来的海域使用权人可能并不是最"适宜"的，因其影响或妨碍了海域资源的合理开发和可持续利用，不利于海域资源综合价值最大化的实现。

  随着人民群众对优美安全海洋生态环境的需求、沿海区域发展对防灾减灾的需求以及广大基层用海者对维护自身权益的需求越来越迫切，因此有必要建立一种配置方法，增加除了海域使用金收益之外的经济效益指标，增加社会效益、资源环境效益等因素对资源配置的影响和作用，使特定海域匹配的海域使用权人更能兼顾国家、社会和广大人民群众等多方利益，更能体现出海域资源的综合价值。用这种配置方法匹配出来的特定海域的用海者才是最"适宜"的，海域资源配置的最终目标才能真正实现。

本章依据前两章（第4章和第5章）探讨的我国海域资源配置相关法律法规和国家相关区划、规划、政策、理论依据，在既充分考虑了海域资源的公共性、用海群体的广泛性，又充分尊重海域使用管理实践现状，同时兼顾国家和社会对海域生态环境、海域资源保护等方面的客观需求的基础上，构设了海域资源配置方法。

我国海域资源配置方法，包括1个评价体系和1个配置流程，其中评价体系包括4个环节，分别为评价指标选取、指标权重确定、评价分析、评价决策。在这4个环节中，最核心的是选取评价指标和确定指标权重这两个环节；配置流程包括5个环节，分别为配置依据、配置启动、配置论证和配置环评、配置评价、配置结果。

6.1　海域资源配置方法的基本定位

本研究构设的海域资源配置方法的目的是针对当前我国海域资源配置中存在的问题，而提出的一种运用客观评价体系和配置流程，对特定海域匹配"适宜"的用海者，并力求实现海域资源综合效益最大化的方法。该方法不改变现行海域资源配置法律体系框架下的海域资源配置方式，并充分尊重现行海域使用管理的体制和机制，而是对现行海域资源配置做进一步的细化、调整和改进，这也是本研究对海域资源配置方法的基本定位。

海域资源配置方法是对现行海域资源配置的进一步细化，突出表现在：细化了行政配置和市场配置的准入机制。《海域使用管理法》对行政审批方式确权和"招拍挂"方式确权的条件比较原则化，并没有设定准入条件。在配套制度《海域使用权管理规定》中，也只规定当有两个或两个以上用海者同时申请一块海域时应当实行"招拍挂"确权,对海域资源二级交易市场也仅是原则性规定。实际上,在海域使用管理的实践中,有很多种情形需要国家规定如何配置。例如,《海域使用管理法》对发包转让限定在农村集体经济组织和村委会上,但近年来,除了农村集体经济组织和村委会可以发包外,依法取得养殖用海海域使用权证书的其他主体只要设定一定条件,也可以将承包的海域使用权进行发包,这种做法已经有沿海省市在试行,而且笔者认为这种做法是符合市场化配置海域资源发展趋势的,应当予以支持。因此,本研究提出的配置方法对多年以来海域使用管理实践中的用海情形进行了分类处理,设置了主动配置和被动配置两种情形(具体情形见第6.3.1节)。

该方法是对现行海域资源配置的进一步调整和改进,表现在以下4个方面。

(1)将海域资源配置的指标多样化。本方法选取了4个一级评价指标,24个二级评价指标,增加了社会效益指标、资源环境指标和其他评价指标。在经济效益指标里,增加了如纳税水平指标等除海域使用金调节海域资源配置以外的指标,这样就有效地避免了过于追求经济效益选取海域使用权人的做法,配置评价指标的科学性无疑将使海域资源配置的结果更合理。

(2)将配置的过程公开化。无论是评价指标的确定,还是评价分析和评价决策,均是建立在综合性指标之上,整个配置流程是公平、公正和公开的,有效避免了海洋行政主管部门既当球员又当裁判的做法,既尊重了海域使用管理实践发展的客观规律,又顺应了海域资源配置的价值取向。

(3)更加注意海域资源市场化配置的大趋势。行政审批确权自国家到地方已经基本形成了一套固定的申请审批流程,但市场化配置海域资源还缺乏一套实用的评价方法。本方法在研究之际,恰逢党的十八届三中全会提出市场在资源配置中起"决定性"作用,彻底改变了过去市场在资源配置中起"基础性"作用的做法，实际上，《海域使用管理法》在制定之初正是基于市场在资源配置中起"基础性"作用而设计立法体系的，这种传统的理念随着海域使用管理实践的深入，亟须转变和调整。在研究和构设海域资源配置方法时，将市场"决定性"地位摆在资源配置首位，无论是主动配置还是被动配置，最基本的理念是将海域资源推向市场，让市场决定谁"适宜"当海域使用权人。

（4）本方法将海域使用论证制度和海洋环境评价制度有机地结合起来，在其后增设了海域资源配置评价流程。海域使用论证和海洋环境影响评价的基本结论是海域资源配置的前置条件，在通过海域使用论证和海洋环境影响评价后，配置对象进入资源配置评价流程，并依据配置评价分析的结果予以确权，将使得配置的依据更加充分、配置的结果更加合理。

总之，随着人民群众对优美安全海洋生态环境的需求、沿海区域发展对防灾减灾的需求以及广大基层用海者对维护自身权益的需求越来越迫切，海域资源配置方法的运用，会使得海域资源配置结果更加优化和合理，遴选出的海域使用权人更加"适宜"，更能体现出海域作为国有资产的综合价值，从而为我国海域使用管理工作提供有效的技术支撑和决策支撑。

6.2 海域资源配置评价体系构建

海域资源配置评价体系包括 4 个环节，分别为评价指标选取、指标权重确定、评价分析、评价决策（图 6 - 1），在这 4 个环节中，最核心的是选取评价指标和确定指标权重这两个环节。

6.2.1 海域资源配置评价指标体系建立

6.2.1.1 评价指标选取原则

评价（Evaluation），通常意义上是指"评估价值、确定或者修订价

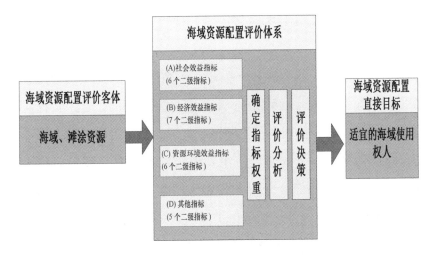

图 6 - 1　海域资源配置评价体系

值"，通过详细、仔细地研究和评估，确定对象的意义、价值或者状态。评价的过程是一个对评价对象的判断过程，也是一个综合计算、观察和咨询等方法的一个复合分析过程。构建海域资源配置评价体系必须要有一套明确的指标体系，指标是用来描述现状，测量时间的变化或趋势的定量和定性说明，或者是测量到的和观测到的要素[256]。指标体系的建立是构建海域资源配置评价体系的核心部分，是关系到评价结果科学性、可信性的关键因素，直接关系到"适宜"的海域使用权人的标准。

1）综合性和系统性原则

任何整体都是由一些要素为特定目的综合而成，海域资源配置作为一项综合性极强的工作，是由海洋资源、海洋环境等多种要素构成的综合体，这些要素往往是多种结构联系，领域交叉，跨学科综合，仅仅根据某个单一要素进行分析判断，很可能做出不正确甚至错误的判断。因此，海域资源配置一方面要平衡考虑社会因素、自然环境因素、经济因素和其他因素，要考虑周全、统筹兼顾，同时要充分考虑海域资源配置的特点，有侧重性地考量某一类指标，并赋予较高的权重，从而使参数多样化、标准多样化、方法多样化，综合考量多因素，使得最终配置评价的指标达到最佳。

同时，海域资源配置又是一个系统性很强的工作，海域资源配置的各项制度之间是相互关联、相互区分，且一环扣着一环的，这一特征应该在评价体系中得到了充分体现。首先，海域资源配置评价应该纳入海洋综合管理这个大系统中，围绕《海域使用管理法》和《海洋环境保护法》要实现的目标，多层次地综合分析各种影响因素；其次，各项指标要体现《海域使用管理法》和《海洋环境保护法》的需要，建立层次明晰的分析评价体系，全面系统地反映海域资源配置规律。

2）科学性和目的性原则

（1）海域资源配置所要遵循的规则和准则很多，有在长期的海域使用管理实践中积累起来的经验和总结，同时又有国家规划、区划和法律法规及规范性文件中要实现的政策导向和法律依据。更值得说明的是，海域资源配置必须遵循经济学中归纳出的各种理论，如可持续发展理论、产权理论、产业结构理论等。海域资源配置必须遵循这些基本理论。

（2）鉴于海域资源配置工作内容庞杂，要求海域资源配置的目标必须明确。目的性强了，才能摒弃旁枝末节，直奔主题。本研究是要通过评价体系，找到"适宜"的海域使用权人，为海洋行政主管部门确立最终的海域使用权人提供决策依据。为了实现既定目标，确立的指标必须是能够通过专家审阅、统计核算、综合评价等方式得出正确结论的定性或定量指标[257]。

（3）只有坚持科学性和目的性，选取的指标体系才能较为客观和真实地反映所研究的事物的基本状态，指标体系过大或过小都不利于做出正确的评价[258]。因此，选取海域资源配置的指标要科学并能体现海域资源配置的基本规律，以便真实高效地完成评价工作。

3）层次性和独立性原则

（1）层次性是指指标体系自身的多重性。海域资源配置内容具有多层次性，对应的指标体系也应该由多层次结构组成，如海域资源配置涉及海域使用管理的海域使用论证制度，涉及海洋环境保护管理中的海洋环境影响评价制度，在选取指标体系时，必须由多层次结构组成，并反映出各层次的特征。同时，选取的海域资源配置指标体系各要素之间相互联系构成一个有机整体，资源配置还是多层次、多因素综合影响和作用的结果，其评价体系也应具有层次性。

（2）海域资源评价指标需要从整体层次上把握评价目标的协调程序，以保证评价的全面性和可信度，同时在指标设置上，要按照指标之间的层次递进关系，体现层次分明。在选取指标时，通过构筑一定的梯度层，准确反映指标间的支配关系。

（3）独立性原则是指指标系统中各指标之间不应有很强的相关性，不应出现一个指标能涵盖很多指标，或者选取的指标在内容上相互重复或者相互涵盖，因此选取的指标力求具备高度的概括性、典型性、导向性、完备性、相容性和全面性。

4）可比性和动态性原则

可比性原则主要是指统计指标的选择应满足概念正确、含义清晰、口径一致，这就要求各指标体系内部以及各指标之间应协调统一，所选择的指标应能够根据测量标准进行量度，可以进行量化，并能与定性产生联系。同时，可比性要求各指标体系的层次和结构应合理，既要符合现行海洋经济统计制度的规则和要求，又要满足评价方法的需要，以保证评价结果的合理性、客观性和公正性。

但是要求海域资源评价指标具备可比性，并不是说其评价指标是一成不变的，其评价指标的选择还要遵循动态性原则。所选取的指标体系不仅可在时间上延续，而且可以在内容上进行拓展，例如，在生态环境效益指标中，资源环境系统区域性很强，自然资源系统由于自身动因和人的作用时时刻刻在发生着变化，且影响海洋环境的因素始终随时间、地点及周围条件的变化而随机变化，并具有非线性变化规律，因此，评价指标应反映出评价目标的动态性特点，并应该因时、因地制宜地反映这种动态性变化。

5）实用性和可操作性原则

构建海域资源配置评价体系既要方便评价指标和数据的收集和量化，又要尽量选取较少的指标来反映较全面的情况，选择的评价指标既要有一定的综合性，同时指标之间的逻辑关联要强，要注重实用性和可操作性、定量和定性的结合[259]。因此，首先，要尽量保证所选择的指标能有对应的翔实、可靠的统计数据支持，以便可实际操作运行；其次，选择的指标必须是可以量化，评价指标应定义明确，便于数据采集以便为定性提供支持；最后，选择的指标要注意规范性、通用性和公开性。因此，本研究选择的评价指标均对应有名词解释。

综上所述，构建科学合理的海域资源配置评价指标，应遵循综合性和系统性、科学性和目的性、层次性和独立性、可比性和动态性、实用性和可操作性等原则。在指标选择上既要尽可能系统、全面，又要重点突出；既要考虑指标之间的联系、通用性，又要考虑实际操作性；既要能量化，又要满足定性需求；既要实现海域资源的综合价值，又要坚持公平、公开、公正的原则，从而综合考虑各种要素并确定最终的评价指标。

6.2.1.2 评价指标体系

选择恰当的评价指标是进行评价的前提，评价指标本身对大而全或者小而精并没有特殊要求，关键在于选择的指标在评价过程中所起作用的大小。依据前两章所分析的法律依据和政策理论依据，结合海域资源配置实际工作需求，最终选择了社会效益指标、经济效益指标、资源环境效益指标和其他指标4个一级指标，每个一级指标体系又对应若干个二级指标（表6-1）。

表 6 – 1　海域资源配置评价指标体系

序号	一级指标	二级指标	
		指标内容	量化指标
1	社会效益指标（A）	对利益相关者的影响程度（A1）	非常大、大、一般、小和非常小
2		对涉海部门的影响程度（A2）	非常大、大、一般、小和非常小
3		预期就业水平（A3）	岗位数（就业人数）
4		景观功能影响程度（A4）	非常大、大、一般、小和非常小
5		公共服务程度（A5）	非常大、大、一般、小和非常小
6		集约化控制水平（A6）	非常大、大、一般、小和非常小
7	经济效益指标（B）	预期收益总额（B1）	工资＋福利费＋折旧费＋劳动、待业保险费＋产品销售税金及附加＋应交增值税＋营业盈余
8		海域使用金收益（B2）	项目用海面积×海域使用金征收标准×用海期限
9		单位面积的预期产出（B3）	用海预期收益/用海面积
10		投入产出比（B4）	用海预期收益/投资总额
11		单位岸线产值（B5）	用海预期收益/使用岸线长度
12		纳税水平（B6）	配置对象纳税总额
13		促进科学技术进步程度（B7）	非常大、大、一般、小和非常小
14	资源环境效益指标（C）	占用岸线与区域岸线比值（C1）	占用岸线/区域岸线
15		形成岸线与占用岸线比值（C2）	形成岸线/占用岸线
16		生物资源损失（C3）	生物资源损失量×货币单价
17		环保投入额度（C4）	环境保护设施投资＋环保设施运行费
18		生态环境影响程度（C5）	影响很大、大、一般、小和非常小
19		海域整治修复能力（C6）	非常有效、有效、一般、有效性差和非常差
20	其他指标（D）	与法律法规的一致性（D1）	一致、不一致
21		与技术标准、规范、规划的符合性（D2）	符合、不符合
22		防灾减灾水平（D3）	非常高、高、一般、不高、非常不高
23		贷款偿还能力（D4）	非常高、高、一般、不高、非常不高
24		监督管理等对策的合理性（D5）	非常合理、合理、一般、不合理、非常不合理

1）社会效益指标

对利益相关者的影响程度。资源配置本质是利益的分配，因此，必须考量对相关利益者权益的影响。本指标指对利益相关者的影响程度。量化指标分为：影响非常大、大、一般、小和非常小。

对涉海部门的影响程度。资源具有公共性和社会性，必须考虑国家相关部门的意见。本指标指对航道、锚地、通航、防洪、渔业等涉海部门的影响程度。量化指标分为：影响非常大、大、一般、小和非常小。

预期就业水平。就业形势是社会经济发展的表现因素之一，就业人数是否增加在一定程度上体现了项目用海对社会就业的影响，就业岗位数越多越体现社会效益。本指标指对提高就业的影响水平。量化指标为：岗位数（就业人数）。

景观功能影响程度。海域资源配置不能损害公共利益，必须考量用海对景观功能的影响。本指标指对所在区域景观的影响程度。量化指标为：非常大、大、一般、小和非常小。

公共服务程度。特定海域配置出来的海域使用权人有责任为当地提供公共服务。本指标指对所在区域提供公用用海、亲水岸线等公共服务的能力大小。量化指标为：非常大、大、一般、小和非常小。

集约化控制水平。海域资源日益匮乏，必须坚持集约和节约利用，同时还必须鼓励向深海开发利用，以缓解海域资源面临的压力。本指标是评价配置对象在加强海域资源深度开发、促进海域资源节约利用方面的控制能力。量化指标为：非常大、大、一般、小和非常小。

2）经济效益指标

预期收益总额。这是衡量配置对象预期既得收益的指标，采用的是"分配法"。即从配置对象获得海域使用权后的原始收入初次分配的角度，对最终成果进行核算的一种方法，主要由企业的劳动者报酬、生产税净额、固定资产折旧和营业利润等要素组成。量化公式：预期收益总额 = 工资＋福利费＋折旧费＋劳动、待业保险费＋产品销售税金及附加＋应交增值税＋营业盈余。

海域使用金收益。根据产权经济学的相关理论，海域资源的价值取决于产权的强度，在海域资源配置中，海域资源的产权价值其实就是海域资源的交易价值，或者说是市场价值。在海域资源的行政配置中，海域资源的交易价值就是海域使用金，而且海域使用金所体现出来的海域资源的价值是国家垄断的价格。海域使用金也是海域资源配置的经济杠杆，起着引导和调节功能，资源配置中不能忽略该指标。本指标指用海所需缴纳的海域使用金总额。量化指标为：项目用海面积×海域使用金征收标准×用海期限。

单位面积的预期产出。单位面积的产出情况是衡量海洋经济发展水平的指标，它能一定程度上反映单位海域面积上的海洋经济产出值的水平。从直观上而言，单位面积的预期产出值越大，所处单位面积上的产业对经济发展的带动性作用越大，因此，资源配置时需予以考量。本指标指单位面积的项目用海所预期产生的收益。量化指标为：用海预期收益/用海面积。

投入产出比。该指标是经济学上用来衡量经济效果评价的指标。通常情况下，比值越大，表明经济效果越差，资源配置越趋向于粗放型。本指标指用海预期收益与海域使用期限内的投入的比例。其中投入为项目用海期间的全部静态投资总额。量化指标为：用海预期收益/投资总额。

单位岸线产值。岸线资源是我国宝贵的海域资源，有"海洋生命线"别称，必须予以充分保护并合理利用。本指标指用海预期收益与使用海岸线长度的比例，比值越大，越有利于海洋经济发展。量化指标为：用海预期收益/使用岸线长度。

纳税水平。当前我国海域资源配置中海域使用金起着经济杠杆的作用，但海域使用金所反映出的资源价值其实是政府垄断的市场价格，实际上不足以反映海域资源的全部价值，这也是导致当前我国一些项目用海获得巨额利润的根本原因。例如，当前围填海用海之所以出现过快过热的情形，其主要原因缘于对高额利润的追逐。海域使用权人以极少的成本获取海域，填海形成土地后高价出售，填海形成土地的成本远远低于直接拿地的成本，直接导致围填海用海呈现出"速度快、面积大、范围广"的特点，与海域资源配置的直接目标和最终目标背道而驰。因此，国家在经济效益指标上除了以缴纳高额海域使用金机制制约外，还需要从税收机制上对用海人加以控制和调节。同时，税金收入是国家和地方财政收入的主要来源，而稳定的财政收入是政府顺利开展工作的必要保证。纳税水平是一个综合的概念，包括纳税人在纳税的各个方面，如纳税的意识、纳税的知识、纳税的操作、纳税的技巧、纳税金的入库等方面所达到的高度和水准，同时根据生产经营类型不同，所缴纳税金也不同。从可以量化的角度考虑，本指标指配置对象缴纳的营业税、企业所得税、增值税等国家和地方税收总额。量化指标为：配置对象用海纳税总额。

促进科学技术进步程度。本指标指对所在区域人才、技术、先进的管理理念产生的作用。随着海洋科技产业化的加快，海洋科技对经济的增量效应由点到面、呈放射网状的态势全面展开，从而对经济产生巨大的促进作用。同时，高新用海项目在实施过程中采用的先进施工工艺、管理技术可向同行业推广，并能培养一批高水平的技术人员和管理人员，通过技术推广和人员流动，从而对整个项目建设运营技术水平的提高产生积极的影响。量化指标为：非常大、大、一般、小和非常小。

3）资源环境效益指标

占用岸线与区域岸线比值。岸线资源是占用一定范围水域和陆域空间的国土资源，是水土结合的特殊资源，包括深水岸线、中深水岸线、浅水岸线三类。对于作为"海洋生命线"的岸线资源进行合理开发与保护，对于经济社会可持续发展以及海域的健康发展都具有十分重要的作用。本指标指占用岸线与区域岸线的比值，比值越大显示出越依赖于岸线资源。量化指标为：占用岸线/区域岸线。

形成岸线与占用岸线比值。本指标指用海所形成的岸线与占用岸线的比值。比值越大越有利于保护岸线资源。量化指标为：形成岸线/占用岸线。

生物资源损失。本指标指用海导致的生物资源损失。以货币化的形式显示生物损失量。量化指标为：生物资源损失量×货币单价。

环保投入额度。本指标指用海中环境保护设施的投入额度。量化指标为：环境保护设施投资＋环境保护设施运行费。

生态环境影响程度。本指标指用海对水文动力环境、地形地貌与冲淤环境、水质环境、沉积物环境的影响程度。量化指标：影响很大、大、一般、小和非常小。

海域整治修复能力。海域整治修复主要基于当前我国海岸及近岸海域生态退化、环境恶化、资源衰退、海湾束狭淤积、湿地退化现状而采取的一项有力措施，目的是通过整治，达到修复受损海岸，提升海域海岸带生态系统服务功能。目前国家在将海域使用金用于开展海域整治修复时，也鼓励、支持相关用海企事业单位或者其他组织和个人开展海域整治修复工作，以提升海域资源环境品质，促进沿海地区经济和社会的可持续发展。本指标指用海人针对生态环境治理与生态保护所采取的海域整治修复措施的有效性。量化指标：非常有效、有效、一般、差和非常差。

4）其他指标

与法律法规的一致性。本指标指与《海域使用管理法》、《海洋环境保护法》、《物权法》3部法律，以及国务院、国家海洋局、相关部委、沿海省（直辖市、自治区）、市、县关于海域使用管理、海洋环境保护的法规、规章和规范性文件的一致性。量化指标为：一致、不一致。

与技术标准、规范、规划的符合性。本指标指配置对象是否全面采用了相关技术标准、技术规范和规划，包括技术标准和规范类：① GB 3097 海水水质标准；② GB 12342 1∶25 000、1∶50 000、1∶100 000 地形图图式；③ GB 12343 1∶25000、1∶50000 地形图编绘规范；④ GB/T 12763.1—12763.9 海洋调查规范；⑤ GB/T 17108 海洋功能区划技术导则；⑥ GB 17378.1—17378.7 海洋监测规范；⑦ GB 17501 海洋工程地形测量规范；⑧ GB 18314 全球定位系统（GPS）测量规范；⑨ GB 18421 海洋生物质量；⑩ GB 18668 海洋沉积物质量；⑪ GB 3552—1983 船舶污染物排放标准；⑫ GB 3838—2002 地面水环境质量标准；⑬ GB 4914—1985 海洋石油开发工业含油污水排放标准；⑭ GB 8978—1996 污水综合排放标准；⑮ GB/T 19485 海洋工程环境影响评价技术导则；⑯ HY/T 123 海域使用分类；⑰ HY/T 124 海籍调查规范；⑱ HJ/T 169 建设项目环境风险评价技术导则；⑲ GB 184864—2001 污水处置工程污染控制标准。区划类：用海项目所在海域的国家、省、市（县）海洋功能区划。规划类：国家产业规划、海洋经济发展规划、海洋环境保护规划、城乡规划、土地利用总体规划、港口规划以及养殖、盐业、交通、旅游等规划。量化指标为：符合、不符合。

防灾减灾水平。本指标指用海采取的防灾减灾措施对预防海洋灾害作用的有效性。量化指标为：非常高、高、一般、不高、非常不高。

贷款偿还能力。本指标指借款人在现金流量状况、财务状况、贷款担保状况等诸多方面的动态的综合反映。贷款偿还能力对海域资源的顺利流转、科技投入等均有重要影响，海域资源配置必须予以考量。量化指标为：非常高、高、一般、不高、非常不高。

监督管理等对策合理性。本指标指用海人在施工期和运营期的监督管理措施是否切合实际、是否合理、是否具可操作性。量化指标为：非常合理、合理、一般、不合理、非常不合理。

海域资源配置评价指标涵盖的范围广，小到单个的海域使用权人，大到国民经济发展，涉及海域使用管理、海洋环境管理、海洋经济发展等方方面面，是个内涵丰富、包含因素多且因素之间相互作用、变量庞杂、不确定性显著的开放系统。本方法选取的上述综合评价指标原则适用于现行海域使用分类标准确定的各种用海类型（包括渔业用海、工业用海、交通运输用海、海底工程用海、造地工程用海、旅游娱乐用海、排污倾倒用海、特殊用海和其他用海九类），但针对不同的用海类型，评价指标可以做适当的调整和修正。

6.2.2　海域资源配置评价指标权重确立

6.2.2.1　权重评价方法的选择

当前，涉及海域资源评价的基本方法主要有因子分析法、德尔菲法（专家打分法）和层次分析法（AHP 法）。这些评价方法的相同之处主要是均采用一定的指标，按照一定的标准，找到客观目标；最根本的区别在于，依靠何种准则确定指标权重。因子分析法依靠各因子间的相互关系或各指标值的变异程度来确定权重。德尔菲法（专家打分法）主要是靠专家打分找到客观目标。层次分析法（AHP 法）主要靠构建判断矩阵，通过计算找到客观目标。这三种方法没有谁比谁好的问题，只存在谁比谁更适合的问题。

1）德尔菲法（专家打分法）

德尔菲法，又称"专家打分法"，是在 20 世纪 40 年代由 O. 赫尔姆和 N. 达尔克首创，后来由 T. J. 戈尔登和兰德公司进一步发展。该方法依据系统的程序，采用匿名发表意见的方式，通过多轮次调查专家对问卷所提问题的看法，经过反复征询、归纳、修改，最后汇总成专家基本一致的看法并作为预测的结果。

德尔菲法（专家打分法）有以下 5 个通用的步骤。

第一步：组成专家小组。专家人数、专业范围视具体评估对象而定。

第二步：制定质询表，提供给专家，质询表中必须有所要预测的问题及有关要求，并附上有关这个问题的所有背景材料，专家也可以提出还需要的材料。专家提出预测意见后给调查人。

第三步：第一轮意见汇总，对比和分析后再次发给专家。专家提出第二轮意见。

第四步：第二轮意见汇总，可以按照第三步骤再次进行意见征集过程。一直到每个专家不再改变自己的意见为止。

第五步：综合处理专家最终意见，并形成评价结果。

2）层次分析法（AHP法）

层次分析法（AHP法）是一种解决多目标的复杂问题的定性与定量相结合的决策分析方法，产生于20世纪70年代初。美国运筹学家匹茨堡大学教授萨蒂为美国国防部研究一项课题时，应用网络系统理论和多目标综合评价方法，提出了层次权重决策分析方法[260]。该方法将定量与定性分析结合起来，根据问题的性质和要达到的总目标，将问题分解为不同的组成因素，用决策者的经验来判断各衡量目标能否实现的标准之间的相对重要程度，按照因素间的相互关联影响以及隶属关系将因素按不同层次聚集组合，形成一个多层次的分析结构模型，并合理地给出每个决策方案的每个标准的权数，利用权数求出各方案的优劣次序[261]。该方法比较有效地应用于那些难以用定量方法解决的课题。1982年，该方法被引入我国后，迅速地在我国社会经济各个领域内，如工程计划、资源分配、方案排序、政策制定、冲突问题、性能评价、能源系统分析、城市规划、经济管理、科研评价等，得到了广泛的重视和应用[262]。

层次分析法（AHP法）操作基本程序包含以下4个步骤。

第一步：建立递阶层次结构。

（1）明确要分析决策的问题，并把它条理化、层次化，理出递阶层次结构。AHP 要求的递阶层次结构一般由三个层次组成：目标层（最高层），问题的预定目标；准则层（中间层），影响目标实现的准则；措施层（最低层），促使目标实现的措施。通过对复杂问题的分析，首先明确决策的目标，将该目标作为目标层（最高层）的元素，这个目标要求是唯一的，即目标层只有一个元素。在递阶层次结构中，有时组的关系不明显，即上一层的若干元素同时对下一层的若干元素起支配作用，形成相互交叉的层次关系，但无论怎样，上下层是明显的隶属关系。

（2）找出影响目标实现的准则，作为目标层下的准则层因素，在复杂问题中，影响目标实现的准则可能有很多，此时要详细分析各准则因素间的相互关系，即有些是主要的准则，有些是隶属于主要准则的次准则，然后根据这些关系将准则元素分成不同的层次和组，不同层次元素间一般存在隶属关系，即上一层元素由下一层元素构成并对下一层元素起支配作用，同一层元素形成若干组，同组元素性质相近，一般隶属于同一个上一层元素（受上一层元素支配），不同组元素性质不同，一般隶属于不同的上一层元素。

（3）分析为了解决决策问题（实现决策目标），在上述准则下，有哪些最终解决方案（措施），并将它们作为措施层因素，放在递阶层次结构的最下面（最低层）。明确了各个层次的因素及其位置，并将它们之间的关系用连线连接起来，就构成了递阶层次结构。

第二步：构造判断（成对比较）矩阵。从第二层开始用成对比较矩阵。

第三步：层次单排序及其一致性检验。对每个成对比较矩阵计算最大特征值及其对应的特征向量，利用一致性指标、随机一致性指标和一致性比率做一致性检验。若检验通过，特征向量（归一化后）即为权向量；若不通过，需要重新构造成对比较矩阵。

第四步：层次总排序及其一致性检验。计算最下层对最上层总排序的权向量。利用总排序一致性比率进行检验。

若通过，则可按照总排序权向量表示的结果进行决策，否则需要重新考虑模型或重新构造那些一致性比率较大的成对比较矩阵。

3）评价方法的比较与选择

在上述评价方法中，德尔菲法（专家打分法）能充分发挥各位专家的作用，集思广益，并且能把各位专家意见的不同点和分歧点表达出来，能取各家之长，避各家之短。并且在德尔菲法中，由于专家基本是"背靠背"打分的，每一位专家都是在独立地做出自己的判断，没有受到其他繁杂因素的影响，因此专家的结论比较可靠，具有最终结论的可靠性。但是，德尔菲法也有致命的缺点，那就是过于依靠主观意志，个人的主观因素对打分的结果影响很大。

相比较德尔菲法，层次分析法（AHP 法）则由于放弃了专家的主观意志，是在深入分析和比较了复杂的决策问题的本质、影响因素及其内在关系等的基础上，将决策思维过程进行量化，使复杂的决策问题简易化。但是，层次分析法也有致命的缺点，那就是层次分析法中的比较、判断和结果的计算过程都是粗糙的，不适用于精度要求较高的问题。

在对海域资源配置评价指标权重确定评价方法上，拟采用德尔菲法和层次分析法相结合的方法。这是因为具体对于海域资源配置评价方法来说，牵涉两个内容：一个是需要对海域资源配置评价指标权重确定评价方法；另一个是需要对海域资源配置的综合指数确定评价方法。由于海域资源的配置问题就是海域资源的配置由谁决定、配置给谁、怎么配置的问题，基于海域资源配置的主体和客体具有多样化特点，且不同用海其评价指标的侧重点各不相同。例如，渔业用海和港口航运用海，对海水水质质量、海洋沉积物质量和海洋生物质量的要求均不同，即使是同一海域用海，如港口航运用海，其港口用海和航道用海对海水水质质量的要求也不尽一样。如果单一采取层次分析法，通过公式计算出权重，会很大程度上出现权重值与实际情况不符的情形，而德尔菲法与层次分析法相结合确定指标权重则可以有效避免这一问题。

在对海域资源配置的综合指数确定评价方法上，拟采用德尔菲法。因为我国已经形成了科学的海域使用论证制度，组建的海域使用论证专家库也历经了 2004 年、2008 年和 2011 年三次大的调整，如今的海域使用论证专家库由 7 个专业领域、126 名专家组成。完善的海域使用论证专家库可以为海域资源配置中的指标权重提供强大的队伍人员和专业技术素质保障。因此，采用德尔菲法选择指标权重，最终得出来的实际效果会比层次分析法更理想。

6.2.2.2　指标权重的确定

依据《海域使用论证技术导则》、《海洋工程环境影响评价技术导则》，九类用海各自论证重点不同，即使是同一种类型的用海，其下属的用海方式的论证重点也不同，这严重影响了指标的权重稳定性，指标权重值不固定极大影响海域资源配置。在实际管理中，会出现一个指标在不同用海方式中的权重值不同的情形，且不确定因素较多、难以量化，因此，笔者拟综合采用德尔菲法和层次分析法来确定海域资源配置评价指标的权重值。

具体步骤如下。

第一步：设计"海域资源配置指标权重确定征询意见表"（表6-2）。

第二步：从专家库中选择专家，以匿名方式征询专家意见。

第三步：分析汇总各专家的意见，并将统计情况及时反馈给参与评估的专家，专家可以修正自己的意见。

第四步：经过多轮匿名征询和意见反馈，再运用层次分析法形成对比矩阵（图6-2）。

目标层：海域资源。

表 6 - 2 海域资源配置指标权重确定征询意见

序号	一级指标		二级指标	重要性程度				
				L1	L2	L3	L4	L5
1	A：社会效益指标（M1）	A1	对利益相关者的影响程度（N1）					
2		A2	对涉海部门的影响程度（N2）					
3		A3	预期就业水平（N3）					
4		A4	景观功能影响程度（N4）					
5		A5	公共服务程度（N5）					
6		A6	集约化控制水平（N6）					
7	B：经济效益指标（M2）	B1	预期收益总额（N7）					
8		B2	海域使用金收益（N8）					
9		B3	单位面积的预期产出（N9）					
10		B4	投入产出比（N10）					
11		B5	单位岸线产值（N11）					
12		B6	纳税水平（N12）					
13		B7	促进科学技术进步程度（N13）					
14	C：资源环境效益指标（M3）	C1	占用岸线与区域岸线比值（N14）					
15		C2	形成岸线与占用岸线比值（N15）					
16		C3	生物资源损失（N16）					
17		C4	环保投入额度（N17）					
18		C5	生态环境影响程度（N18）					
19		C6	海域整治修复能力（N19）					

序号	一级指标		二级指标	重要性程度				
				L1	L2	L3	L4	L5
20	D：其他指标（M4）	D1	与法律法规的一致性（N20）					
21		D2	与技术标准、规范、规划的符合性（N21）					
22		D3	防灾减灾水平（N22）					
23		D4	贷款偿还能力（N23）					
24		D5	监督管理等对策的合理性（N24）					

L取值与分档：L1：非常重要＝5；L2：重要＝4；L3：一般＝3；L4：不重要＝2；L5：非常不重要＝1

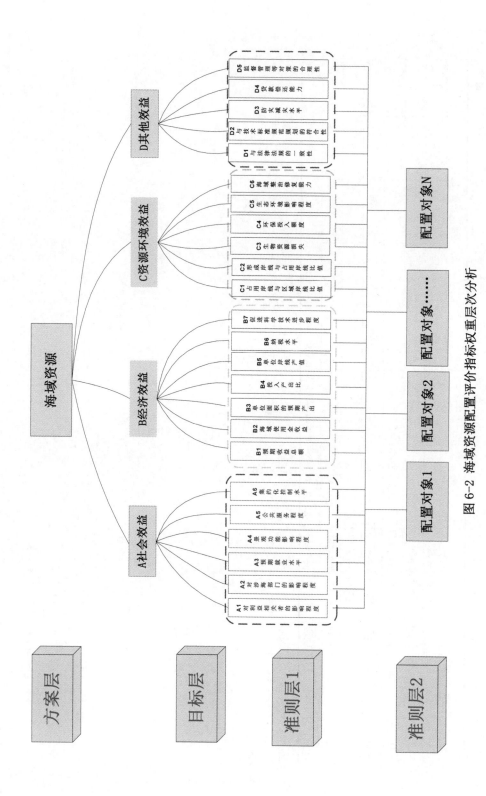

图6-2 海域资源配置评价指标权重层次分析

准则层：A 社会效益、B 经济效益、C 资源环境效益、D 其他效益。

准则层 A 层：对利益相关者的影响程度（A1）、对涉海部门的影响程度（A2）、预期就业水平（A3）、景观功能影响程度（A4）、公共服务程度（A5）、集约化控制水平（A6）。

准则层 B 层：预期收益总额（B1）、海域使用金收益（B2）、单位面积的预期产出（B3）、投入产出比（B4）、单位岸线产值（B5）、纳税水平（B6）、促进科学技术进步程度（B7）。

准则层 C 层：占用岸线与区域岸线比值（C1）、形成岸线与占用岸线比值（C2）、生物资源损失（C3）、环保投入额度（C4）、生态环境影响程度（C5）、海域整治修复能力（C6）。

准则层 D 层：与法律法规的一致性（D1），与技术标准、规范、规划的符合性（D2），防灾减灾水平（D3），贷款偿还能力（D4），监督管理等对策的合理性（D5）。

方案层：海域使用申请人 1、海域使用申请人 2……

在层次分析法确定权重上，首先，比较第一层次的指标分别确定 A 社会效益、B 经济效益、C 资源环境效益、D 其他效益 4 个一级指标的权重，分别为 M1、M2、M3、M4。一级指标 M1 + M2 + M3 + M4 = 1。

其次，确定比较第二层次的指标：

二级指标 N1 + N2 + N3 + N4 + N5 + N6 = 1；

二级指标 N7 + N8 + N9 + N10 + N11 + N12 + N13 = 1；

二级指标 N14 + N15 + N16 + N17 + N18 + N19 = 1；

二级指标 N20 + N21 + N22 + N23 + N24 = 1。

例如，对 A 社会效益指标里，比较对涉海部门的影响程度（A2）、预期就业水平（A3）、景观功能影响程度（A4）、公共服务程度（A5）、集约化控制水平（A6）指标，确立各自的权重，设定为 N1、N2、N3、N4、N5、N6，可以计算得知：

A1 的权重值为 X1 = M1 × N1，

A2 的权重值为 X2 = M2 × N2，

A3 的权重值为 X3 = M3 × N3，

A4 的权重值为 X4 = M4 × N4，

A5 的权重值为 X5 = M5 × N5，

A6 的权重值为 X6 = M6 × N6。

依此类推，通过层次分析法具体得出预期收益总额（B1）、海域使用金收益（B2）、单位面积的预期产出（B3）、投入产出比（B4）、单位岸线产值（B5）、纳税水平（B6）、促进科学技术进步程度（B7）；占用岸线与区域岸线比值（C1）、形成岸线与占用岸线比值（C2）、生物资源损失（C3）、环保投入额度（C4）、生态环境影响程度（C5）、海域整治修复能力（C6）；与法律法规的一致性（D1）、与技术标准、规范、规划的符合性（D2）、防灾减灾水平（D3）、贷款偿还能力（D4）、监督管理等对策的合理性（D5）等其他指标的具体权重，并最终确定 24 个二级指标的具体权重 X1，X2，…，X24。

第五步：综合计算并形成指标权重的最终结论。

需注意的事项如下。

（1）专家打分时，采用的是 5 分制，即 L1 代表"非常重要" = 5 分，L2 代表"重要" = 4 分；L3 代表"一般" = 3 分；L4 代表"不重要" = 2 分；L5 代表"非常不重要" = 1 分。

（2）所选取的专家应当有较高的权威性和代表性，须熟悉海域使用管理和海洋环境评价的基本情况，人数应当为奇数，且最好为海域使用论证专家库中的专家。

（3）由于不同的用海类型和不同的用海方式论证和环评的侧重点不同，在提交专家打分确定指标权重的时候，应该了解项目用海的基本情况。

6.2.3 海域资源配置评价分析

评价分析是确定前来参与配置的海域使用申请人的最终综合指数的过程。

海域资源评价分析程序如下。

第一步：在第 6.2.1 节和第 6.2.2 节分别确定了海域资源配置的评价指标和各个指标的权重的基础上，设计"海域资源配置指标专家打分表"（表 6-3）。

第二步：将"海域资源配置指标专家打分表"发给专家，以匿名方式征询专家意见。并对专家意见进行分析和汇总。

Y 取值与分档：按百分制赋值，其中，大于或等于 95 分代表非常重要；小于 95 分且大于或等于 85 分代表重要；小于 85 分且大于或等于 70 分代表一般；小于 70 分且大于或等于 60 分代表不重要；小于 60 分代表非常不重要。

综合指数公式为：

配置对象 1：$S1 = Y1 \cdot X1 + Y1 \cdot X2 + \cdots + Y1 \cdot X24$

配置对象 2：$S2 = Y2 \cdot X1 + Y2 \cdot X2 + \cdots + Y2 \cdot X24$

……

第三步：按照计算出来的综合指数，按照分值排列顺序。

6.2.4 海域资源配置评价决策

评价决策是海域资源配置评价体系的最后一个环节，通过前几个环节的分析，将综合指数分值排列情况报告给有审批权的海洋行政主管部门，既为海洋行政主管部门制定国家层面上的海域资源配置决策提供科学依据，也为沿海地方海洋行政主管部门开展资源配置提供借鉴，同时也可以为对已构建的评价指标体系是否有效进行科学验证。由于海域资源配置最

表 6-3 海域资源配置指标专家打分

序号	一级指标		二级指标	权重值	配置对象 1	配置对象 2	配置对象 3	配置对象 4	配置对象…
					Y	Y	Y	Y	Y
1		A1	对利益相关者的影响程度（N1）	X1					
2		A2	对涉海部门的影响程度（N2）	X2					
3	A：社会效益	A3	预期就业水平（N3）	X3					
4	指标	A4	景观功能影响程度（N4）	X4					
5		A5	公共服务程度（N5）	X5					
6		A6	集约化控制水平（N6）	X6					
7		B1	预期收益总额（N7）	X7					
8		B2	海域使用金收益（N8）	X8					
9		B3	单位面积的预期产出（N9）	X9					
10	B：经济效益	B4	投入产出比（N10）	X10					
11	指标	B5	单位岸线产值（N11）	X11					
12		B6	纳税水平（N12）	X12					
13		B7	促进科学技术进步程度（N13）	X13					
14		C1	占用岸线与区域岸线比值（N14）	X14					
15		C2	形成岸线与占用岸线比值（N15）	X15					
16	C：资源环境	C3	生物资源损失（N16）	X16					
17	效益指标	C4	环保投入额度（N17）	X17					
18		C5	生态环境影响程度（N18）	X18					
19		C6	海域整治修复能力（N19）	X19					

序号	一级指标		二级指标	权重值	配置对象 1	配置对象 2	配置对象 3	配置对象 4	配置对象…
20	D：其他指标	D1	与法律法规的一致性（N20）	X20	Y	Y	Y	Y	Y
21		D2	与技术标准、规范、规划的符合性（N21）	X21					
22		D3	防灾减灾水平（N22）	X22					
23		D4	贷款偿还能力（N23）	X23					
24		D6	监督管理等对策的合理性（N24）	X24					

Y 取值与分档：按百分制赋值，其中大于或等于 95 分代表非常重要，小于 95 分且大于或等于 85 分代表重要，小于 85 分且大于或等于 70 分代表一般，小于 70 分且大于或等于 60 分代表不重要，小于 60 分代表非常不重要

终目标的实现首先是直接目标的实现，通过海域资源配置评价体系找到直接的海域使用权人，为促进海域资源的合理开发和可持续利用，实现海域资源的综合效益最大化打下坚实的基础。

值得一提的是，任何评价指标体系都不可能完全地描述所要研究的问题，因此在具体使用指标体系时，作为决策者的海洋行政主管部门可以根据海域使用管理的实际情况，结合国家宏观和微观经济管理政策，对本章构建的海域资源配置指标体系进行进一步的补充、修正和完善。

6.3 海域资源配置流程构建

我国海域资源配置的流程主要是指海域资源配置工作事项的活动流向顺序，包括配置工作过程中的工作环节、步骤和程序。本工作流程既要结合目前海域使用管理的实际情况，还需要随着海洋管理的不断深入，在管理实践中不断去完善。海域资源配置流程具体包括配置依据——配置启动——配置论证和配置环评——配置评价——配置结果5个环节（图6-3）。

6.3.1 海域资源配置依据

配置的依据主要包括以下三个方面。

（1）依据法律法规、规章和规范性文件。法律层面包括直接适用的法律，如《海域使用管理法》、《海洋环境保护法》和《物权法》，还包括上位法，主要指《宪法》。在法规层面，包括国务院颁布的行政法规和地方人大制定的地方性法规，如《报国务院批准的项目用海审批办法》等。在规章方面，包括国务院各部委和地方政府制定的，如监察部、人事部、财政部和国家海洋局《关于海域使用管理违法违纪行为处分规定》等。在规范性文件确立方面，国家海洋局颁布执行了《海洋功能区划管理规定》、《海域使用权管理规定》、《海域使用论证管理规定》等。在这些依据中，法律效力等级由大到小为：宪法、法律、行政法规、地方性法规、规章、

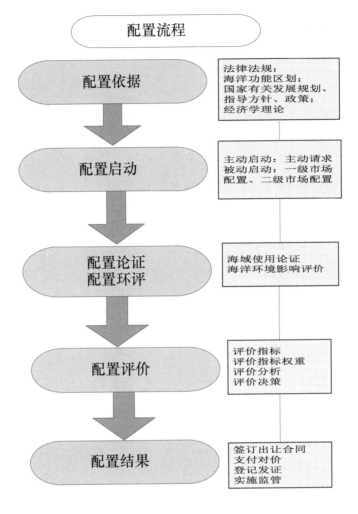

图 6 - 3 海域资源配置流程

规范性文件。

（2）依据海域资源配置方面的有关规划、指导方针和政策，如《全国海洋经济发展"十二五"规划》、《国家海洋事业发展"十二五"规划》，如科学发展观、"五个用海"政策、增强海洋综合管控能力等方面。

（3）有关海洋经济发展的理论，如可持续发展理论、产业发展理论、产权理论等，也是我国海域资源配置工作的重要参考。

6.3.2 海域资源配置启动

海域资源配置的启动主要有两种形式：主动启动配置和被动启动配置。

1）主动启动配置

主要是指海域使用权人主动请求进行配置。这里有以下几层意思。

（1）海域实际上已经确定了海域使用权人。

（2）海域使用权人请求对取得的海域进行配置。

（3）配置的形式包括：

① 一级市场配置：招标、拍卖、挂牌；

② 二级市场配置：转让、出租抵押和继承；

③ 贷款、投资等融资形式，此种形式适用的情形较多。

（4）主动要求配置不见得就能立即启动资源配置程序。主动配置须满足一定条件，如对于主动请求的招标、拍卖、挂牌情形主要是针对《海域使用管理法》第二十二条关于农村集体经济组织或者村民委员会获得海域使用权后的分包情况。

2）被动启动配置

主要是指除海域使用权人主动请求配置之外的情形。主要包括一级市场化配置和二级市场化配置两类情况。

（1）一级市场化配置情形

① 同一海域有两个或者两个以上用海意向人的；

② 海域使用权使用期限届满后，由国家收回的海域；

③ 依法收回闲置海域的使用权。闲置两年不予使用的海域由国家收回，并实行市场化配置；

④ 取得海域使用权后无力继续开发且不具备转让条件；

⑤ 为实施功能区划需要调整使用的海域；

⑥ 项目类：国防建设项目；国务院或国务院投资主管部门审批、核准的建设项目；传统赶海区、海洋保护区、有争议的海域或涉及公共利益的海域；

⑦ 有关用海类型：海砂用海、经营性围填海、养殖用海、经营性旅游娱乐用海。

（2）二级市场化配置情形

主要是指海域使用资源二级流转市场，如转让、出租抵押、继承等。

① 在转让方面，必须同时具备的条件是：开发利用海域满一年；已缴清海域使用金；不改变海域用途；除海域使用金以外，实际投资已达计划投资总额 20% 以上；原海域使用权人无违法用海行为，或违法用海行为已依法处理。

② 出租抵押方面，除以下情形：权属不清或者权属有争议的；未按规定缴纳海域使用金、改变海域用途等违法用海的；油气及其他海洋矿产资源勘查开采的；以及海洋行政主管部门认为不能出租、抵押的，均可市场化配置。

6.3.3 海域资源配置论证和配置环评

当海洋行政主管部门认为该海域满足配置条件以后，要求配置对象开展两项工作：即海域使用论证和海洋工程环境影响评价。

1）海域使用论证的基本范围

原则上均应该进行海域使用论证。除了围海养殖、建设人工鱼礁或者省、自治区、直辖市以上人民政府审批的养殖用海项目以外，其他养殖用海实行整体海域使用论证制度，由市、县两级人民政府海洋行政主管部门开展，单位和个人申请养殖用海时不单独进行论证。对于不改变海域属性、对海洋资源和生态影响小的项目用海，可以简化海域使用论证的内容和程序。

2）海洋环境影响评价的基本范围

目前我国正在开展《海洋环境保护法》和《海洋石油勘探开发环境保护管理条例》等立法修订工作，修订后的海洋环境影响评价实行分类环评制度，即编制登记表、报告表和报告书三种情形。对环境影响很小的，只填报环境影响登记表。已投入生产的海上油气田，在开发过程中由于稳产、新技术应用、地层预测发生变化、防范溢油风险等原因需要变更开发方案、改变生产工艺或者污染物处理方式和数量等的项目或新建项目，可能会给环境带来轻度影响的，应当编制环境影响报告表。其他情形，应当编报海洋环境影响报告书。

3）评审的主体

报国务院审批的项目由国家特别成立的国家海洋咨询中心委托评审。省、市、县审批的项目由相应的海洋行政主管部门委托评审。

4）海域使用论证和海洋环境影响评价结论的效力

海域使用论证和海洋环境影响评价的结论是参与配置的用海申请人是否有资格进行下一步配置评价的前置条件。当海域使用论证和海洋环境影响评价都符合之后，方可进行海域资源配置评价工作。同时，该结论与本研究构设的海域资源配置评价结果，将共同作为海洋行政主管部门确认最终的"适宜"的海域使用权人的基本依据。

6.3.4　海域资源配置评价

配置评价的基本依据是本章6.2节我国海域资源配置评价体系，此处不再赘述。配置评价包括以下四项主要工作。

（1）根据制定出来的评价指标体系，确定各自评价指标的权重，同时进行指标的剔除工作。

（2）根据评价指标和指标权重，从海域使用论证专家库中选择7～9名专家，根据各个用海申请人的实际情况进行评价。

（3）进行评价、计算和分析，得出参与配置的用海申请者的综合指数。

（4）按照综合指数的高低进行排列，提供海洋行政主管部门决策。

6.3.5 海域资源配置结果

配置的结果就是将海域确权给最终的用海者。具体包括以下几个环节。

（1）配置对象与海洋行政主管部门签订《海域使用权出让合同》。海域使用权出让合同是海洋行政主管机关和海域使用权申请人之间订立的合同。以合同方式设立海域使用权，不仅可以具体规定当事人之间的权利义务关系，规范海域使用权人对海域的利用方式，还可以防止政府对海域使用权人的随意干涉，保持法律的稳定性和可预测性[263]。尽管对《海域使用权出让合同》属于行政合同还是属于民事合同的争论尚无定论，笔者认为，从要维持当事人之间权利义务的对等与平衡，以及维护海域使用权人的合法权益出发，该合同应该定性为民事合同，合同当事人对该类合同的订立、合同的内容、合同的效力评价、合同的解释、合同的履行以及违约责任等应该根据我国《合同法》的要求进行调整。

（2）配置对象支付取得海域资源相应的对价。对于行政配置，主要是国家规定的海域使用金收益；对于一级市场配置，主要是竞价额度；对于二级市场配置，主要是议价额度。海域使用金是海域资源的价值体现，市场配置中招标、拍卖的底价不得低于按照用海类型、海域等别、相应的海域使用金征收标准、海域使用面积以及使用年限计算的海域使用金金额，且海域使用金应该及时按照比例足额缴入中央和地方国库。在实际工作中，通过资源配置方式取得的海域使用金金额远远大于按照行政审批方式取得的海域使用金金额，因此要对溢出部分的海域使用金进行合理使用、科学管理。本研究建议尽量将溢出部分的金额分配给基层的海洋行政管理机构，并纳入乡级财政、村级财政管理，主要用途放在海域、海岛、海岸带的整治修复及保护、海域分类定级与海域资源价值评估和海洋环境保护等方面。

（3）配置对象办理登记程序，海洋行政主管部门颁发《海域使用权证书》。海域使用权是财产权利的一种，我国《物权法》确认海域使用权为物权的一种类型，并将其纳入《物权法》的调整范围。按照《物权法》理论，登记是物权公示的方式，对于动产来说，登记的效力是登记对抗主义，如动产抵押权；对于不动产来说，登记的效力是登记生效主义，如不动产抵押权、建筑物所有权。海域和土地一样，是基本的不动产，海域使用权登记是登记生效主义。海域使用权证书是海域使用权人享有海域的法律凭证。

（4）年度监管程序。依据本研究构设的海域资源配置方法匹配的海域使用权人，有责任将配置评价中的各项举措落到实处。监督的主体为各级人民政府以及所在区域的人民群众，参与海域资源配置的其他配置对象也有权进行监管。监督的对象依据本办法选择出来的海域使用权人。监督的内容为有关指标的落实情况，社会指标方面，如对社会的就业、景观功能、公共服务、集约节约用海的承诺是否兑现；经济效益指标方面，如纳税情况是否有效调节了利润分配；资源环境效益指标方面对岸线的影响如何，对资源环境的保护措施是否到位、是否开展了海域整治修复等，其他指标方面包括是否采取了合理的监督管理措施等。对于没有实践承诺的配置对象，应该追究其相应的民事责任、行政责任或者刑事责任。

6.4 本章小结

为解决我国现行海域资源配置中存在的问题，本章依据国家有关法律法规和相关区划、规划、政策、理论等，在充分考虑了海域资源的公共性、用海群体的广泛性，又充分尊重海域使用管理实践现状，同时兼顾国家和社会对海域生态环境、海域资源保护等方面客观需求的基础上，构设了我国海域资源配置方法。该方法包括 1 个配置评价体系和 1 个配置评价流程。

本章首先对该方法进行了基本定位，将该方法作为对现行海域资源配置的进一步细化、调整和改进，是现行资源配置的有益补充；第 2 节研究了我国海域资源配置方法的重要组成部分——海域资源配置评价体系，包括 4 个环节，分别为评价指标选取、指标权重确定、评价分析、评价决策，其中最核心的是选取评价指标和确定指标权重这 2 个环节。本研究选取了 4 个一级评价指标，24 个二级评价指标，增加了社会效益指标、资源环境指标和其他评价指标，在经济效益指标里，也增加了如纳税水平指标等除海域使用金调节海域资源配置以外的指标，针对海域资源使用的特性，采用了德尔菲法和层次分析法相结合的方法确定指标权重；第 3 节研究了我国海域资源配置的流程，包括 5 个环节，分别为配置依据、配置启动、配置论证和配置环评、配置评价、配置结果，通过完备的配置流程，既从运行操作层面上明确了海域资源配置的方法，又实现了我国海域资源配置既定的直接目标，同时促进和推动了我国海域资源配置最终目标的实现。

7

我国海域资源配置的具体措施研究

如第 3 章所述，我国海域资源配置中存在三个层次的问题：在法制建设上，资源配置管理规定过于原则化，配置制度不健全、配置流程不完善；在动态调节机制上，海域使用金没有充分发挥出对海域资源利用结构和空间布局等方面的引导调节作用，海域使用金动态调整机制不健全，对海域资源利用结构和空间布局等方面的引导作用有限；在配置方式上，资源配置方式相对单一，过分依赖行政配置，市场化配置海域资源进程缓慢。这些问题既反映了当前我国海域资源配置所处的历史阶段，也从侧面说明，解决我国海域资源配置中存在的问题绝不是一朝一夕的事。而且我国海域资源配置涉及领域广，具有复杂多变的特点。为了更好地实现海域资源的最终目标，在灵活运用配置方法的同时，还需要海域使用管理部门和有关社会团体和个人，要结合海域开发与管理的实际，调整思路、大胆尝试，从体制机制入手，建立健全良好的用海市场秩序和严格的用海市场规则，加强督导和管理，以促进和推动我国海域资源的合理开发和可持续利用。

7.1 加快我国海域资源配置方式转变

当前，配置海域资源主要有以下两种思路。

第一种思路：强化政府宏观调控，构建强有力的海域统一配置机制。

主要方式是通过海域资源配置立法，强化海洋行政主管部门的权威，利用强有力的海域使用管理法律约束机制、执法机制等，来调节国家与地方之间、地方与地方之间及各种主体之间的利益冲突，实现海域资源的统一配置。

第二种思路：发挥市场经济的作用，建立海域资源市场化配置机制。主要方式是建立合理的海域分配调节机制、海域使用权分配和海域资源配置市场交易机制。海域资源的开发利用需要市场化运营，这要求政府对交易资源配置市场的干预不是通过行政命令的形式，而是通过界定清晰的产权，建立由价格机制、法律机制等共同保障市场运作，并保证海域资源的合理分配和利用。

这两种思路各有优缺点。理论上，第一种思路通过海域统一配置的模式是最优的，但在实际中由于缺乏激励机制，使得强制性的法律以及强有力的执法机构仍然难以达到预期目标。对于第二种思路来说，市场化配置海域资源是当前我国海域开发与管理的发展趋势，也是当前促使有限的海域资源在配置过程中既体现科学性、合理性和公平正义的原则，又实现社会效益、资源环境效益和经济效益的最优化的有效途径。然而，市场化配置既需要有法律法规及其配套制度支撑，又需要一定时间的经验总结，因此，当前我国海域资源配置应该是上述两种方式并用，同时抓紧实施配置方式的转变，加快市场化配置海域资源的进程。

7.1.1 行政配置和市场配置两种方式综合并用

资源的行政配置主要依靠各级政府制定指令性计划或者政策来决定资源的流向、流量和组合比例，资源的市场配置方式主要通过市场机制来调节资源的分配和组合。这两种方式是海域资源配置的两个拳头，既相互区别，又相互配合、相互补充、缺一不可，应该发挥出各自应有的功能。由于市场配置是以市场为主，因此无法摆脱市场的自发性、盲目性和滞后性。市场具有自发性，由于企业自发地根据利益需要进行生产经营，甚至会产生不正当的市场行为。市场具有盲目性，当出现有利可图的情形时，企业会"一哄而上"，而当市场出现无利可图的情形时，企业往往会"一哄而退"[264]。市场具有滞后性，市场配置往往是事后调节，具有时间差上的劣势。可见市场配置海域资源，如果缺乏政府的宏观调控，客观上也会给用海秩序带来混乱。

而且，市场对资源配置起决定性作用，往往需要满足一定的条件，如在产权方面，要求是清晰的；遵守价值经济规律，海域资源必须进入市场；外部效应可以存在，但不能起主导作用；公共产品不能占据资源配置的大部分等。但实际上，目前，我国海域资源配置完全市场化还不到时候。例如，在产权方面，尽管国家所有得到立法承认，但实际中还存在大量的"祖宗海"情形。资源配置的动力机制有两个：一个是企业追求自身利益的行为；另一个是优胜劣汰的市场竞争法则[265]。如，一些企业自身的竞争力本来就不足，如果对全部海域都施行"招拍挂"确权，有可能会导致海域会集中在少数人手中。再如，我国海域市场发展秩序还不稳定，在市场交易方面，一级市场发展秩序不甚合理，行政配置占据了绝大多数。

值得一提的是，当前国情也决定了我们必须坚持行政配置海域资源和市场配置海域资源相结合的原则。我国正处于或将长期处于社会主义初级阶段，这个阶段的社会生产力总体上不高、商品经济不发达[266]。目前我国正处于经济转型期，这个时期，传统的计划经济体制尚未向市场经济体制过渡完毕，传统的计划经济已经被打破或已部分失效，市场经济体制尚未完全建立，两种体制可能同时交织发生作用或同时失去作用，两种体制冲突或形成制度真空的情况还时刻存在[267]，严重影响了市场配置资源的进程。

综上所述，海域资源配置应该是多种手段并用，在当前应强调多一些市场行为，少一些政府干预，随着市场经济的发展，海域资源配置需要进入市场，海域的开发利用更需要市场化运营。同时，可以把市场和政府的作用有机结合起来，加快市场配置海域资源的进程，以实现海洋资源的优化配置，这也是推进海洋经济可持续发展的必由之路。

7.1.2　加快海域资源市场化配置进程

基于以下几个原因的考虑，在多种手段并用进行海域资源配置的同时，逐步开始配置方式转换，加快海域资源市场化配置的进程。

（1）传统的行政审批制度不利于发挥市场在资源配置中的"决定性"作用。审批是计划经济体制下政府管理经济与社会的基本方式和手段，通过审批可以实现政府在社会资源配置中的主导作用。根据第3章对我国当前海域资源配置的基本情况分析，可以得知海域资源配置的一级市场中，行政审批方式占据着绝对优势。具体来说，2005—2012年期间，以行政审批方式确权的总面积是以招标拍卖形式确权的总面积的24.87倍，以行政审批方式确权的总个数是以招标拍卖形式确权的总个数的82.61倍。当前我国以政府行政配置海域资源的模式的最大弊端是限制了海域资源的合理流动、市场主体的公平竞争和自主决策，具体表现在很多海区的海域资源远远不能满足实际工作需要，用海供需矛盾日益加重，妨碍了市场机制对海域资源配置"决定性"作用的正常发挥，也严重影响了我国市场经济体制的完善和社会生产力的发展。

（2）市场化配置海域资源比较适合当前我国海域开发的大环境。随着社会主义市场经济体制改革的不断深入，国家为进一步解放和发展生产力，会大力发展市场经济，充分发挥市场这只"看不见的手"的作用，市场经济的理论也在国民经济管理和实践中得以完善[268]，尤其是土地资源配置日益市场化，为海域资源市场化配置提供了可有效参考的经验借鉴。我国海洋经济在持续健康发展，既得益于我国海洋产业结构的优化调整、海洋新兴产业的快速发展以及相对稳定有序的市场环境等，也得益于海域使用主体在激烈的竞争中更加尊重价值规律、更加注重靠提升科技水平提高自身竞争力等。特别是党的十八届三中全会提出的市场在资源配置中起"决定性"作用，也为我国海域资源市场化配置机制的建立提供了基本条件。可见，海域资源市场化配置具备了良好的内在和外在条件，海域资源配置需顺应时势，才能形成合理的格局。

（3）市场化配置海域资源是从源头上预防腐败的重要举措[269]。市场是天生的平等派，以市场主导资源配置，施行"阳光作业"，让群众充分享有知情权、监督权和选择权，有效防止"暗箱操作"，营造了自由、公平、公正的海域资源市场竞争环境，实现了海域资源配置过程管办分离、政事分开、职能分设，通过招投标确认海域使用权，既推动了海域交易市场的平衡，也为社会发展起到了良好的促进作用。同时，推进海域资源市场化配置是社会主义市场经济发展的必然要求，是实现公共资源合理、高效公平配置的必要措施，是转变政府职能构建服务型政府的必需条件，是从源头上预防和治理海域资源配置领域腐败现象发生的主要途径。因此，资源配置市场化可以有效地预防腐败的发生，可以有效地避免因行政权力过分集中、自由裁量权过大而导致的海域资源流向的主体单一的问题。

（4）实践证明：在很多方面，市场化配置海域比行政配置海域资源更公正、更有效，对经济和社会发展的促进作用更大。以有关数字进行论证：从2005—2012年的海域确权数据可以看出（表7-1），尽管招标拍卖方式取得海域使用权的个数是行政审批取得海域使用权的个数的1.2%，但是所创造的海域使用金价值比例却远大于此数。

尽管海域使用金仅仅是海域资源价值体现的标准之一，但是也可以看出市场化配置海域资源更能有效地实现海域资源的基本价值，对国民经济GDP的贡献更大。通过国家大力推动"招拍挂"确认海域使用权以来，海域使用权的作用得到了充分的体现。在海域资源配置二级市场中，凭海域使用权证书可以办理抵押融资以体现海域使用权的市场价值。例如，厦门市通过开展海域使用权抵押登记工作，截至目前，累计办理抵押金额21.80亿元，满足了用海单位的融资要求。

表 7 -1 我国海域使用权确权情况（2002—2012 年）

年份	确权		行政审批方式确权		"招拍挂"方式确权	
	个数（个）	海域使用金（万元）	个数（个）	海域使用金（万元）	个数（个）	海域使用金（万元）
2002	5 529	11 981.80	—	—	—	—
2003	7 686	24 991.40	—	—	—	—
2004	5 145	43 266.40	—	—	—	—
2005	6 887	105 213.97	6 822	103 253.77	65	1 960.20
2006	8 759	157 474.50	8 658	156 902.98	101	571.52
2007	6 037	295 867.89	6 022	295 289.73	15	578.16
2008	9 120	589 018.12	9 030	588 439.88	90	578.24
2009	5 327	786 251.54	5 287	781 135.10	40	5 116.44
2010	2 481	907 374.33	2 445	901 846.75	36	5 527.58
2011	3 874	964 493.47	3 754	949 754.10	120	14 739.37
2012	2 418	968 468.50	2 348	957 455.29	70	11 013.21
总计	63 263	4 854 401.92	44 366	4 734 077.60	537	40 084.72

资料来源：国家海洋局公布的 2002—2012 年《海域使用管理公报》。

7.2 加强海域资源市场化配置立法

（1）启动《海域使用管理法》立法修订工作

目前，作为资源配置重要依据之一的《海洋环境保护法》已经开展修订工作，修订的重心集中在是否需要设立海洋石油勘探开发油污损害赔偿基金以及有关海洋石油勘探开发造成海洋环境污染事故的法律责任两个方面，而正在修订的《海洋石油勘探开发环境保护管理条例》也对海洋工程环境影响评价制度进行了全面修改，上述一法一条例的修订将为我国海域资源配置提供有效的法律依据。《海域使用管理法》自2002年1月1日实施以来已有10多个年头，10年后的海洋开发利用形势和国际国内的海域使用管理政策都发生了极大的变化，而目前《海域使用管理法》存在原则化、实际操作难、个别条款规定执行难等问题，严重影响了海域资源配置的健康发展。

《海域使用管理法》第二十六条规定海域使用权期限届满后，除根据公共利用或者国家安全需要收回海域使用权的外，原批准用海的人民政府应当批准续期。这给海洋产业布局优化升级和制定用海项目退出政策带来了法律障碍，基于规划调整、产业升级或重大项目建设需要，原已使用期限届满本应退出的用海项目无法正常终止其使用权，如若收回必须给予补偿，增加了政府财政负担。

《海域使用管理法》第三十二条规定海域使用权人填海项目竣工后可以凭海域使用权证书，向土地行政主管部门提出土地登记申请，换发国有土地使用权证书，确认土地使用权。但在实际工作中，按照土地管理规定，填海形成的土地属于商业建设用地的要公开招标拍卖才能取得，这与《海域使用管理法》有关规定不符。

《海域使用管理法》第四十二条规定未经批准或者骗取批准非法占用海域的，责令退还非法占用的海域，恢复海域原状。在实际工作中，很多非法用海项目恢复海域原状不仅会导致海洋的二次污染，更是造成了社会资源的极大浪费，依法补办项目用海手续比恢复海域原状更科学、更合理。

此外，《海域使用管理法》对如何恢复海域原状不是很明确，对于非法构建的移动式海上构筑物，恢复海域原状是否意味着将构筑物拖离所在海域即可，抑或必须强制拆除构建的海上构筑物均未明确，给实际执行带来了困难。

由于《海域使用管理法》在制定之初缺乏对市场化配置海域资源的统筹考虑，对海域使用权招标、投标出让海域使用权的行为缺乏详细规范，甚至未考虑市场挂牌的方式确认海域使用权，也未对资源配置评价机制的内容进行规定。海洋行政主管部门从海域使用管理的客观需求出发，出台了一系列的政策性、规范性文件，随着海洋管理的深入，这些未明确纳入海域使用管理的法律规定，但在管理实践中却行之有效的管理政策也需要上升为法律制度。因此，通过启动《海域使用管理法》程序，将从制度层面为我国海域资源配置提供基础的法律保障。

（2）启动《海域使用权市场流转管理办法》立法工作

目前，在该方面的立法尚属空白。《海域使用权市场流转管理办法》基于建立健康、稳定、有序的海域使用权一级市场和二级市场管理制度为目标，主要包括规制一级海域使用权流转市场和宏观调控二级海域使用权流转市场两个方面。

在规制海域使用权一级市场方面。一级海域使用权流转市场包括行政审批和"招拍挂"两种形式，政府通过行政审批和招标、拍卖等程序，将海域使用权出让给单位和个人并收取海域使用金。一级海域使用权流转市场涉及的主体包括两方：一方是代表国家拥有海域所有权的政府；另外一方是依据一定的程序取得海域使用权的单位和个人。规制一级海域市场，重点是要创设一级海域使用权流转市场的准入制度，严格规范一级市场主体准入条件与资格，确保海域使用权能够分配给"适宜"的海域使用人手中。同时，要制定一级海域使用权流转市场的运行规则，包括海洋功能区划制度、海域资源配置评价制度，以及海域使用权的行政审批和招标、拍卖的程序、规范与细则，以及海域使用权的登记制度、流转制度和禁止性规范等。

在规范海域使用权二级市场方面。海域使用权二级市场主要包括转让（含出售、赠与、作价入股）、出租、抵押和继承等流转让方式，海域使用权二级市场的交易双方都属于民事主体性质，政府作为管理者，主要需要从宏观的角度进行监督和引导，以保障海域使用权二级市场的流通渠道。通过建立健全海域使用权转让、出租、继承、抵押、作价入股、赠与、出售等法律制度，减少因行政审批而带来的交易成本。本部分内容主要包括构建海域使用权二级市场的流转方式、流转条件、流转价格、流转程序、参与海域使用权流转市场民事主体的条件、交易规则、违约责任、监督机制、协调机制等。

7.3　创新海域资源市场转让机制

海域作为海洋产业的基础性生产要素，参与社会经济活动的深度和广度在不断提高，为提升其价值和作用，必须在现有的市场配置海域资源的基础上，扩大市场化配置的范围和手段，不断完善和创新机制，以进一步发挥市场在海域资源配置中的决定性作用。具体体现在以下几个方面。

（1）要进一步放宽发包的主体范围。依照《海域使用管理法》的规定，海域使用权发包的主体主要是农村集体经济组织和村委会。第二十二条规定了《海域使用管理法》实施以前的养殖用海，由农村集体经济组织和村委会发包给本集体经济组织内的成员。实际上，除了农村集体经济组织和村委会可以发包外，依法取得养殖用海海域使用权证书的其他主体只要设定一定条件，也可以将承包的海域使用权进行发包。目前，已经有沿海省市在试行。例如，《漳州市养殖用海承包管理办法（试行）》规定了其他企事业单位和个人发包养殖用海要同时满足 5 个条件：开发利用海域满 1 年、不改变海域用途、已缴清海域使用金、实际投资已达投资总额的20% 以上、原海域使用权人无违法用海行为，或者违法用海行为已经处理，这个做法很值得借鉴，甚至可以扩大到除养殖用海之外的其他用海类型，可以允许在核定的用海类型范围内和时间期限内发包，实施承包经营。

（2）在符合一定条件时，允许转让其承包的海域使用权。目前，从维护海域使用管理制度的角度出发，承包方不得擅自转租，除非是由于从事他业或者其他原因无力承包经营的法定情形出现才允许转租。根据《福建省养殖用海承包管理办法》第十七条的规定，转让承包必须经发包方同意，且需签订转包合同。实际上，转让承包的情形不应该仅限于养殖用海，在其他用海方式设定一定条件也可以试行。

（3）扩大市场配置海域资源的方式，从历年《海域使用管理公报》的统计数据来看，市场配置方式主要集中在招标和拍卖方面，实际上，形式可以多样化。例如，挂牌出让方式尽管未纳入《海域使用管理法》制定范围，但是因其程序简易、公开透明度较高，实践中还是值得推荐的。不管采取哪种形式，只要是能通过竞争杠杆和利益杠杆，促使生产经营者积极调整以推动科学技术和经营管理的进步，并带动劳动生产率的提高和资源的有效利用，就值得鼓励和尝试。

（4）逐步放宽对招标和拍卖的限制。目前对招标和拍卖的准入条件有：其用途符合功能区划、属于经营性用海、同一海域有两个或者两个以上申请人、海域的权属明晰。2012 年 12 月 28 日，国家海洋局印发了《关于全面实施以市场化方式出让海砂开采海域使用权的通知》，明确全面实施海砂开采海域使用权市场化配置工作，海砂开采海域使用权由沿海省（区、市）海洋行政主管部门以拍卖挂牌等市场化方式依法出让；海砂开采海域使用权一次性出让，年限最长不超过 3 年。国家是以实施海砂开采海域使用权市场化为突破口，为全面深化市场化配置工作打基础。应该逐步放宽对"招拍挂"用海的限制条件，加快推动经营性围填海、养殖用海、旅游娱乐用海等类型的海域使用权"招拍挂"。

（5）建立海域收储制度。海域收储的新理念最早由福建省莆田市于2010 年提出，海域收储是指海域收储机构为实现调控海域资源市场、促进海域资源合理配置的目标，收回辖区内的海域，进行前期开发、储存以备供应海域资源的行为。海域收储的基本流程是海域收储机构制定收储条件，将符合条件的海域收回，对取得的海域资源进行储备管理，按照年度海域资源供应计划实施公开出让。海域收储制度对于加强海域资源管理，规范海域使用，优化海域资源配置，促进海域资源的节约集约利用有显著成效。2012 年 9 月 17 日，东山县人民政府发布了《东山县海域收储管理办法（试行）》，对收储制度进行了初步规范。当前，海域收储制度尚处于试验阶段，实践中也暴露出一些问题，如，由于国家尚未制定更高层次的海域收储管理制定，海域收储制度不健全；由于储备资金尚无着落，往往只停留在"净海"初级规划储备阶段。因此，要加强对海域收储制度的研究，深入研究海域收储的范围、方式、程序、资金来源等问题，同时，探索建立利益补偿机制，对海域使用权收回补偿的范围、条件、标准给予规定，使得海域收储制度能真正发挥市场配置的作用。

7.4 建立海域"招拍挂"出让年度投放计划制度

当前，受到传统发展理念与发展方式的影响，一些沿海地区的围填海活动存在规模增长过快、海域资源利用粗放以及监管能力薄弱等突出问题，尤其是近岸海域是各类海洋资源的高度密集区域，开发强度和压力非常大[270]。基于此，国家发改委和国家海洋局在 2009 年《关于加强围填海规划计划管理的通知》的基础上，联合制定并出台了《围填海计划管理办法》。该办法共五章二十三条，对围填海计划的编报、下达与执行、监督考核等作了较为详细的规定，对围填海实行年度总量控制的指令性管理，也是国家对整治围填海乱象首提"超一罚五"的举措。也就是说，严禁超计划指标审批围填海项目，对超额使用指标的地区按照"超一罚五"的规定核减下一年度指标。该办法将围填海年度计划引入海域资源配置，对于进一步加强对围填海的调控与监管，发挥围填海计划参与国家宏观经济调节的基础作用具有重要意义[271]。围填海计划将对当前从北到南的用海热潮起到调节和制约作用，突出体现在调节和制约港口、跨海大桥、跨海隧道用海上，甚至在石化、房地产、旅游等项目开发方面也有作用。

受此制度启发，同时根据历年《海域使用管理公报》统计数据得出结论：以行政审批方式确定海域使用权的个数和面积总数都远远高于以招标、拍卖、挂牌出让方式取得海域使用权的个数和面积总数，实际上政府在海域资源配置中起"决定性"作用，这与党的十八届三中全会提出的市场在资源配置中起"决定性"作用明显不相符。在研究把握海域市场需求动态的基础上，建议建立海域"招拍挂"出让年度投放计划制度，制定《海域"招拍挂"出让年度投放计划管理办法》，对海域"招拍挂"出让年度投放计划的编报、下达、执行和监督考核做出详细规定。

（1）关于海域"招拍挂"出让年度投放计划的法律地位。海域"招拍挂"出让年度投放计划是对国家和地方配置海域资源时，对以招标拍卖挂牌方式确权设定基本的年度计划，国家和地方必须以该计划作为执行标准。建议赋予海域"招拍挂"出让年度投放计划较高的法律地位，为确保其能切实实施，并使市场能真正在海域资源配置中发挥决定作用，可考虑将海域"招拍挂"出让年度投放计划作为国民经济和社会发展计划体系的组成部分，成为政府履行宏观调控、经济调节、公共服务职责的重要依据。海域"招拍挂"出让年度投放计划的执行情况应作为各级政府年度海域使用金返还和财政资金下达的基本依据。

（2）关于海域"招拍挂"出让年度投放计划的编制。海域"招拍挂"出让年度投放计划分为中央海域"招拍挂"出让年度投放计划和地方海域"招拍挂"出让年度投放计划。该计划指标实行指令性管理，国家和地方均不得低于该年度计划指标。编制的原则既要体现本管辖海域内的现状，又要充分体现集约、节约用海的原则。海域"招拍挂"出让年度投放计划是最低标准，可以超过指标，允许在上级海洋行政主管部门的审批情况下适当调节，但是不得连续两年均低于计划指标。

（3）关于海域"招拍挂"出让年度投放计划的基本指标。从2005—2012年"招拍挂"方式确权的平均比例上看，确权个数占总个数的1.2%，确权面积占总面积的3.87%（表7-2），可以将年度确权个数或者年度的确权面积作为指标。建议将确权个数的平均比例设定4%～5%作为基本指标，或者将确权面积的平均比例设定7%～8%作为基本指标，甚至可以综合设定计划指标。例如，可以将"招拍挂"确权年度个数的4%～5%和确权面积的7%～8%作为计划指标。各个省市甚至可以允许有所区别，可以高于国家制定的最低计划指标。

表7-2 2005—2012年度招拍挂确权个数和面积数及所占比例

年份	"招拍挂"方式确权			
	个数 （个）	面积 （hm^2）	占总个数的百分比 （%）	占面积的百分比 （%）
2005	65	6 238.56	0.94	2.29
2006	101	7 178.57	1.15	3.16
2007	15	2 626.98	0.25	1.07
2008	90	10 254.07	0.99	4.55
2009	40	4 620.89	0.75	2.59
2010	36	6 288.65	1.45	3.25
2011	120	21 126.78	3.10	11.36
2012	70	11 695.65	1.79	4.13
合计	537	70 030.15	1.20	3.87

资料来源：根据2005—2012年《海域使用管理公报》数据统计。

（4）关于海域"招拍挂"出让年度投放计划编制下达、执行、程序和监督考核方面，可以参考《围填海计划管理办法》。由于海域"招拍挂"出让年度投放计划可以规定列为国民经济和社会发展计划体系的组成部分，因此，也建议由国家发改委下达全国海域"招拍挂"出让年度投放计划，国家海洋局依据全国海域"招拍挂"出让年度投放计划下达地方海域"招拍挂"出让年度投放计划。在执行时，地方计划可以从国家计划指标中适当调剂，与围填海不同的是其调剂额度不得连续两年均低于计划指标。在监督管理上，建议监督管理的主体分别为国家发改委和国家海洋局。在奖励和惩罚措施方面，建议将检查和综合评估考核的结果与年底海域使用金返还以及财政资金下达相挂钩。

总之，海域"招拍挂"出让年度投放计划由于处于调研阶段，建议由国家先试点试行，再进一步完善并逐渐推广，相信随着实践经验的不断增加，对海域"招拍挂"出让年度投放计划不断完善和改革，其对市场化配置海域资源将起到有益作用。

7.5 创建全国或者区域性海域资源交易服务平台

目前，海域使用权的转让还停留在由供需双方自行寻找供需信息的阶段，对海域抵押权价值的认定，主要靠银企双方的协商而定，如果要开展一定规模的海域使用权抵押融资，就迫切需要一个信息全面、交易方便的平台为海域使用权的转让提供方便。因此，海域资源配置的重要组成之一就是需要构建统一规范的海域资源市场交易服务平台，依托该平台，既可以分担政府在资源配置中所不能从事或者难以从事的职责和功能，还可以便于吸引范围更广、更多的海域使用申请人参与海域资源配置。关于平台的构建问题，可以从当前我国公共资源市场交易平台和内陆港等运行模式中得到启发。

公共资源交易平台是负责公共资源交易和提供咨询、服务的机构，是公共资源统一进场交易的服务平台[272]。公共资源交易平台是社会主义市场经济体制的产物。2011年，中共中央办公厅22号文件明确省、市、县、乡均要建立公共资源市场交易。近年来，我国公共资源领域的有形市场建设得到了不断发展和完善。目前，全国大部分地方都建立了该平台，且平台的业务范围在不断延伸，诸如城建资产、采矿权、采砂权、国有资产租赁权、城市道路日常养护权、户外灯箱广告位使用权、商标使用权、有限自然资源开发利用权以及其他经营性公用服务事业承包权等都逐步有序进入了平台交易[273]。内陆港（或称无水港），通常是一个大型的内陆集装箱中转站或者是货品集散地，由于具备报关、检验等综合配套功能，省掉了大量的物流环节，大大提高了物流效率[274]。设立内陆港就相当于把海港搬到了内陆，近几年来，由于内陆港在物流效率发挥上的突出作用，我国内陆港迅速发展，从北到南已经形成了以大连港、天津港和江浙沿海港口牵头的若干个内陆港群，成为当地经济建设的"黄金码头"[275]。

公共资源交易平台和内陆港带来的启发有以下几点：一是将政府的行政职能与市场交易隔离，避免了政府部门经商这一尴尬局面；二是实现了让权力退出市场的目的，遏制了场外交易暗箱操作的行为；三是扩大了交易的空间范围，避免了区位限制；四是将公共资源推向市场，进一步扩大了公共资源的使用主体，也有利于实现对公共资源的保护；五是省掉了一些不必要的环节，有效提高了工作效率。上述启发对我国海域资源配置有重要的借鉴作用，因为要发挥市场在资源配置中的决定作用，必须将海域使用权推向市场，为海域使用权找到一个推销或者展销的实体平台。这个实体平台不能由海洋行政主管部门担当，海洋行政主管部门既是政策的制定者和执法、监管主体，同时又是代表国家作为产权主体参与市场交易活动而成为市场主体，不能既当球员又当裁判，因此应该由第三方机构担任。基于此，我们需要探讨建立全国或者区域性的海域资源交易服务平台。

探索建立我国海域资源交易服务平台有如下几个关键问题需要解决。

（1）就是需不需要单独设立海域资源交易服务平台的问题，也就是该平台是挂靠在目前各地成立的公共资源交易平台里，还是独立出来单设。目前，一些地方已将海域使用权的交易纳入了公共资源交易中心的经营范围，例如，广东省阳江市颁发的《公共资源交易管理暂行办法》将海域使用权纳入管理范围。但是，由于海域使用权基于其特殊性，需要专业的操作机构来运作，目前海域使用权参与融资效果有限就是较好的佐证。由于缺乏专业性了解，银行金融机构对海域使用权的实际价值并不看好。而且，随着海洋经济地位的日益突出，单设海域资源交易服务平台已经在物质基础、政策依据和实践需求上具有可行性和必要性。

（2）关于海域资源交易服务平台在哪里设立，设立哪一级的问题。为方便沿海地区进行海域使用权配置，建议在沿海省市设立省、市、县三级。同时，海域资源的所有权属于国家，那么对于全国各省来说，享用海域的机会是平等的，因此，应该将平台扩展到辽宁、山东等11个沿海省（直辖市、自治区）之外的省份，非沿海省份可以视情况设立省级的海域资源交易服务中心，这样既扩大了我国海域使用申请者的主体范围，同时又大大节省了海域使用权的流转时间，提高了海域资源的流转效率。

（3）关于海域资源交易服务平台的运作问题，也就是关于有关平台的职能、业务范围、监管体制、交易原则、软硬件环境等。海域资源交易服务平台的核心涉及决策机制、监督机制和操作机制，这三个机制彼此分离又互相联系。在职能方面主要是对主动要求配置和被动配置的海域资源进行市场化配置，业务范围应该覆盖目前的9类用海，并且业务范围包括海域评估业务。交易原则以海域资源配置法律体系为基础，配合市场经济发展规律，在监管方面做到"三分离三统一"，也就是将监督人员、"招拍挂"企业或者个人、评标专家完全"隔离"，确保评标公平公正进行。同时，建议以当前公共资源交易中心的运作模式作为借鉴，考虑海域使用权的特殊性，通过不断完善业务操作流程和管理制度，形成统一、规范、高效、透明的海域资源交易服务平台。

（4）海域资源交易服务平台既包括实体大厅，又包括虚拟大厅两种形式。实体大厅与行政集中服务大厅同址；虚拟大厅主要是网站，通过借助网络网站等辅助形式来实现平台的职责和正常运行，例如，网上信息发布系统、海域使用权交易业务管理系统等。同时在建设海域资源交易服务平台时，也需要考虑与其他市场交易机构的协调关系，特别是要注意与一些地方建立的海域收储中心的关系。实际上，海域收储中心完全可与本研究建议设立的海域资源交易服务平台合并。

7.6　扩大海域使用权抵押和融资范围

海域资源配置的中间市场表现形式主要是融资方式。当前海域使用权参与抵押和融资难，即使参与融资，融资规模也很小；即使参与抵押，其抵押范围也限于渔业用海、工业用海、交通运输用海等类型，在矿业、旅游等用海融资方面尚未得到实质性的拓展。究其原因，除了海域资源配置市场不发达，对海域使用权的宣传不够，特别是对海域使用权是一种物权宣传不够外，最根本的原因是由于海域使用权价值评估体系不完善导致海域使用权的价值难以确定，尤其是海域使用权的经济价值无法得以量化，海域使用权转让不足以刺激银行机构开办此项业务的积极性，这给我国海域资源市场配置带来了极大的困难。大力推动海域使用权参与抵押和融资，是发展海域资源配置市场的重要举措。当前，推动海域使用权参与抵押和融资的几条建议如下。

（1）科学开展海域使用权价值评估工作，为海域使用权融资打基础

① 海域使用权价值评估要常态化。海域使用权评估是运用海域使用权评估的基本方法和制度，综合考虑所在海域的区位条件、利用潜力、利用效益等因素，对海域资源的综合使用价值作出的评定和估算。目前无论是行政审批方式，还是"招拍挂"形式取得海域使用权，都需要缴纳海域使用金，但两类对海域使用金的征收计价方法不同。行政审批方式海域使用金征收标准是按照用海类型和海域等别确定，"招拍挂"形式确权时，海域使用金征收金额是按照最终招标、拍卖的成交价款确定。海域使用金反映的是某一行政单元毗邻海域的平均价值，海域使用金并不实际等于海域资源的价值，一个行政单元毗邻海域因其区位条件、利用条件、资源情况

不同而差异性较大，某一特定海域的实际价值高于或者低于海域使用金反映出的平均价值也是正常的[276]。而在"招拍挂"确权过程中，参与竞标的企业往往会聘请专业的评估机构对参与竞标的海域进行价值评估，组织"招拍挂"的机构也往往是以估价结果确定"招拍挂"海域的底价，根据估价结果最终确定"招拍挂"的成交价。两种方式比较后，不难看出"招拍挂"方式能较为准确地反映海域资源的实际价值。

② 海域评估还参与了海域流转市场。海域使用权在进行出售、赠与、作价入股、交换时，双方当事人通过对海域资源进行价值评估来确定交易金额。海域使用权在出租、抵押时，抵押双方也往往是委托专业机构对该海域的价值开展评估，以保障交易公平并防范金融贷款风险。因此，要将海域资源价值评估工作常态化，缩短海域使用权评估的时间限制，使海域使用金所反映出的平均价值更能反映海域的实际价值。

③ 目前国家制定的《海域评估技术规范》已经通过了专家评审。该规范对海域价格评估的原则、程序和方法等作出了规定，还确立了成本逼近法、收益法、假设开发法、市场比较法和基准价格系数修正法作为海域评估的基本方法，实践中需要结合所在海域的具体情况灵活选择评估方法。同时，评估理论与评估方法还要与国际接轨，使评估结果更加具有科学性和实用性。为了确保海域价值评估工作的有序开展，需要制定海域使用权价值评估办法，以制度来规范海域价值评估工作[277]。

④ 建立评估制度，培养专业的评估人才队伍和评估机构。影响海域使用权价值的因素主要是海域的区位条件、自然因素和社会经济因素。自然因素包括所在海域的地质地貌、气候、水文、生物条件、海水质量、自然灾害等；社会经济因素包括所在海域的经济条件、技术条件、人口和城镇条件、社会诚信、文化氛围、政治氛围以及资源环境的变迁等。因此，海域使用权评估工作专业性较强、难度较大，不同位置、不同用途的海域会因评估水平、评估人员素质的不同，而导致评估结果千差万别。因此需要

专业的评估人员和权威的评估机构开展此项工作。海域资源价值评估工作建议由上一节建议设立的海域资源交易服务平台上开展。

（2）灵活运用抵押模式，扩大海域使用权参与抵押和融资范围

根据统计数据，2009—2012年，共有5种用海类型参与了抵押融资或者投资融资，其排列顺序分别是：交通运输用海因为在各个省市都有而居首位；其次是渔业用海、工业用海；再次是造地工程用海，少数地方也有旅游娱乐用海。还有其他4种用海方式目前尚未参与抵押融资（表7-3）。因此，当务之急是要灵活运用抵押模式，既可使上述排列前5位的用海方式能继续保持优势地位，还能让海底工程用海、排污倾倒用海、特殊用海等其他用海方式也参与到抵押融资和抵押投资的行列中来。

表7-3 我国海域使用权融资情况（2009—2012年）

区域	统计年份	融资金额（万元）	融资用海类型
辽宁	2009—2012	1 989 759	渔业用海、工业用海、交通运输用海
河北	2009—2012	93 763	工业用海、交通运输用海、造地工程用海
天津	2009—2012	—	—
山东	2009—2012	215 903	渔业用海、工业用海、交通运输用海
江苏	2009—2012	533 477	渔业用海、工业用海、交通运输用海、造地工程用海
上海	2009—2012	—	—
浙江	2009—2012	764 841	渔业用海、工业用海、交通运输用海
福建	2009—2012	746 728	渔业用海、工业用海、交通运输用海、造地工程用海
广东	2009—2012	67 320	交通运输用海
广西	2009—2012	236 667	渔业用海、工业用海、交通运输用海、旅游娱乐用海、造地工程用海
海南	2009—2012	164 267	交通运输用海
全国	2009—2012	4 812 726	—

资料和数据来源：国家海洋局海域综合管理司自2009—2012年历年的海域使用管理工作总结、2009—2012年历年《海域使用管理公报》。

对于养殖用海，可以采取直接抵押融资，原因是养殖用海的抵押融资相对比较普遍，海域使用权人凭海域使用权证书向金融机构提出贷款申请，金融机构审查同意后，由海域资源交易服务中心开展价值评估工作，经双方认可后，进行海域使用权抵押登记后银行发放贷款。

对于工业用海、交通运输用海、旅游用海等用途的海域使用权抵押融资，由于这几种用海类型与临海土地结合紧密，海域使用权人可以将海域使用权证书，同时加上临海土地使用权或者临海码头、仓库资产等固定资产，捆绑向银行等金融机构提出抵押融资或者投资融资。在金融机构审查同意后，由海域资源交易服务中心开展对海域使用权和捆绑在一起的其他资源的价值进行评估，经双方认可后，进行海域使用权抵押登记后由银行发放贷款。

对于海底工程用海、排污倾倒用海、特殊用海等其他用海，由于不临近土地，且其海域使用权的价值不好评估，因此可以设定第三方担保人。担保人以其自身财产设定抵押，与金融机构签订担保合同后，再履行融资手续。

（3）采取切实措施，积极打消银行等融资和投资机构对海域使用权融资过程中存在的顾虑

在海域使用权融资上，银行融资投资机构处于主动地位，海域使用权人处于相对被动的地位。银行融资投资机构稍有顾虑，就有可能导致融资或者投资中间夭折。具体来说，海洋行政主管部门需要完善海域使用权抵押融资的操作流程和海域资源流转办法，要按照市场经济规律建立海域资源配置，有了统一规范的秩序，才能吸引更多的融资和投资主体肯定海域使用权价值，参与海域资源配置。对银行机构来说，要研究、探索海域使用权参与贷款和投资业务的运作模式，完善融资流程、推出形式多样的海域使用权融资方式。

（4）建立融资应急机制

由于融资肯定是存在风险，因此必须要有相应的应急机制。当前，我

国海域使用权流转市场化程度不高，如果发生融资风险，在海域使用权流转不畅的情况下，可以履行海域收储程序，再次进行海域使用权的流转，以保证贷款和投资等融资方式融资环节的畅通。

7.7 建立海域资源配置辅助决策机制

目前，省及沿海设区的市、县（市区）基本上成立了海洋与渔业行政管理部门，实践已经证明这符合国际上加强海洋管理的趋势，符合现阶段我国海洋生产力发展水平和海洋经济特点，有效弥补了单纯的行业管理体制的缺陷。海洋管理体制是海洋综合管理的基础，也为海域资源配置提供了重要保障，为进一步推动海域资源配置工作，建议在现有海洋综合管理体制基础上，建立三个辅助决策机制。

（1）建立区域海洋综合管理机制

根据海域的自然属性及特点，在重点海湾、河口、海岛、重要海洋生态系统海域建立区域性海洋管理协作机制，打破行政区域界限，编制区域海域开发保护规划，协调区域的海洋资源开发利用、海洋环境保护、海洋执法监察等工作。区域海洋综合管理机制将为海域资源配置提供强有力的支撑，如构建渤海海域综合管控委员会，统筹协调渤海区域资源开发与环境保护工作，指导环渤海内海域合理资源配置的筹划与运作。

（2）建立涉海行业协调管理机制

海域资源配置除了涉及海洋行政主管部门，还涉及其他涉海部门、金融机构等，建议构建以海洋行政主管部门为主导的涉海行业协调管理机制，该机制旨在定期通报我国海域资源配置的最新进展，了解海域资源配置面临的困难和发展中存在的突出问题和矛盾，共同研究解决问题的对策和措施，为完成海域资源的市场化配置提供政策指导。

（3）建立海洋部门内部配合机制

海域资源配置除了涉及海域使用管理，还涉及海洋环境保护、海洋行政执法监察等部门，内部配合不好将极大地影响海域资源配置的效率，因此建议成立海洋内部配合机制，制定符合海洋自身发展的、全面性的、效运行的内部控制制度，提高海域资源流转规模和速度，提升海域资源配置的管理水平和风险防范能力，为海域资源配置提供必要的信息技术上的支撑和服务。

7.8　本章小结

当前我国海域资源配置中存在的问题既需要合理运用海域资源配置方法，同时还要从立法制度安排、体制机制创设等方面加以辅助。为此，本章研究了我国海域资源配置的7个具体措施：① 加快我国海域资源配置方式转变；② 加强海域资源市场配置立法；③ 创新海域资源市场转让机制；④ 建立海域"招拍挂"出让年度投放计划制度；⑤ 创建全国或者区域性海域资源交易服务平台；⑥ 扩大海域使用权抵押和融资范围；⑦ 建立海域资源配置辅助决策机制。这些具体措施充分借鉴了其他行业和领域的资源配置措施，也结合了我国海域资源配置的实践，既可作为我国海域资源配置方法的补充，也有利于解决我国海域资源配置中存在的问题。

8

结论、不足及展望

8.1 基本结论

（1）海域资源配置是海域资源与使用对象之间配置的过程。海域资源配置的直接目标是针对特定海域，运用配置方法，找到"适宜"的用海者。海域资源配置的最终目标，除了要实现海域资源的保值增值，还要最大程度地实现国家作为海域资源唯一主体的综合的收益权，如国防安全、公益事业、环境保护等政治效益、社会效益、生态效益，以实现海域资源的合理开发和可持续利用。

海域资源是国家基础性的自然资源和战略性的经济资源，稀缺性十分突出。当前我国海域使用管理工作中客观存在着行业用海矛盾突出、围填海用海过快过热、海域空间资源粗放利用、岸线资源利用水平低下、海域"招拍挂"中往往竞价高者取得海域使用权以及海域生态环境持续恶化等现象，这些现象实际上反映的是我国海域资源配置存在的一些问题，归纳起来有三个方面：一是我国海域配置法律制度不健全；二是海域使用金对海域资源配置的引导和调节作用有限；三是海域资源市场化配置进程缓慢。

我国海域资源配置目前主要是行政配置和市场配置。在行政配置中，一些政府部门往往过于注重经济效益，忽视环境甚至以牺牲环境为代价去攫取"政绩"，在市场配置中，通常以竞价高者取得海域使用权，海域资源配置的结果与经济效益直接挂钩，海域资源的社会、资源环境等综合价值实际上未得到充分体现。随着国家对资源开发提出更高的要求，对市场在资源配置中的地位和作用进行了重新定位，市场在资源配置中的地位由"基础性"作用上升为"决定性"作用，客观上要求我国海域资源一级市场更加严格，二级市场要加快流转。而我国海域资源配置现状与国家的要求和海域使用管理实践的需求有距离，已经无法满足人民群众对优美安全海洋生态环境的需求、沿海区域发展对防灾减灾的需求以及广大基层用海者对维护自身权益的需求。

因此，迫切需要对我国现行海域资源配置做进一步的细化、调整和改进，以适应海域资源配置的发展方向，使得海域资源配置结果更加合理，遴选出的海域使用权人更加"适宜"，更能体现海域资源的综合价值，研究海域资源配置方法具备必要性和可行性。

（2）我国海域资源配置有科学的内涵，方式有行政配置和市场配置，主体是国家、单位和个人；客体是以海域和滩涂为依托的海域资源；直接目标是找适宜的海域使用权人；根本目标是促进海域资源的合理开发和可持续利用；实质是海域资源在沿海地区乃至全社会的利益分配关系。

（3）以海域资源配置的本质属性为标准，我国海域资源配置历经了萌芽、起步、确立和发展四个发展阶段，每个阶段具有不同的表现形式。目前海域资源配置中存在三个主要问题：一是海域资源配置立法不完善；二是海域使用金对海域资源配置的引导和调节功能有限；三是我国海域资源市场化配置进程滞后。

（4）海域资源配置方法的依据是多方面的，既有法律层面的依据，又有国家相关的海洋规划、政策，以及资源与环境经济学、产业经济学、区域经济学、海洋生态经济学等学科中蕴藏的可持续发展理论、产业结构理论、区域经济理论、产权理论等，这些都是海域资源配置方法的基本依据。

（5）本研究探讨的海域资源配置方法，定位于对现行我国海域资源配置的细化和调整、优化，包括 1 个评价体系和 1 个配置流程，其中配置体系包括 4 个环节，分别为评价指标选取、指标权重确定、评价分析、评价决策。在这 4 个环节中，最核心的是选取评价指标和确定指标权重这两个环节。本研究选取的若干一级和二级评价指标，体现了海域资源价值的多重性，为海域资源配置直接目标的实现提供了科学有效的方法。配置流程包括 5 个环节，分别为配置依据、配置启动、配置论证和配置环评、配置评价、配置结果。评价体系和配置流程是一个有机的整体，共同为找到"适宜"的海域使用权人发挥作用。

（6）解决我国海域资源配置中存在的问题，本研究除了构设海域资源配置方法外，还从配置方式转变、完善立法、健全制度（建立海域使用收储制度、创新海域使用权出让机制、建立海域"招拍挂"出让年度投放计划）、建立全国或区域性海域资源交易服务平台、扩大海域使用权抵押融资范围以及完善辅助决策机制（区域海洋综合管理体制、涉海行业协调管理机制、海洋部门内部配合机制）等方面提出了具体建议。

8.2 存在不足及展望

海域资源配置是当前海域使用管理工作研究的热点、重点，也是难点。海域资源配置是一个巨大的系统工程，包括社会、经济、生态环境、资源管理等诸多方面。任何一项针对海域资源配置方法的研究都不可能囊括海域资源配置的所有方面，这就造成了一方面研究不深入而另一方面出现研究不全面的双重窘境，围绕着海域资源配置方法，囿于理论储备、知识结构和实践经验的制约，本研究客观上还有很多不足，需进一步深入研究，主要不足如下。

（1）关于"海域资源配置"的基本概念。由于没有专家学者给出一个权威的解释，所以给本研究带来一定的困难，因为本研究的题目是"海域资源配置方法研究"，一旦"海域资源配置"的基本内涵不清楚的话，就失去了研究的价值。本研究对"海域资源配置"的含义是综合考量了"配置"、"资源配置"、我国海域使用管理的实践等基础上提出的，在努力地尝试着体现海域资源配置的本质属性，但究竟该如何完善和优化这个概念，使得概念更科学、更通用，还需要进一步深入。

（2）关于我国海域资源配置的发展历程的划分。目前尚无关于这方面的论述，基于划分的标准不同，发展历程是不同的。本书按照我国海域管理的实践现状和海域资源配置的本质属性，划分了萌芽、起步、确立、发展四个历程。在本书写作完毕后，笔者又在思考，能否以配置方式出现的顺序为标准对我国海域资源配置的发展历程做一个划分呢？例如，在 1993 年之前是自由配置方式阶段，那个阶段的特征是谁拿到海域就归谁，由于 2000 年全国才出现第一例海域招标的实践，那么 1993—2000 年这一阶段是行政配置阶段，2000 年后到现在划为一个阶段，即以行政配置为主、市场配置为辅的阶段。但又在思考，这样划分阶段是否过于简单、过于绝对以至于不能反映出资源配置的本质属性呢？党的十八届三中全会提出了市场在资源配置中起决定性作用，如果按照配置方式来划分，如何体现出海域资源市场化配置的发展趋势呢？所以本书虽然认为划分四个阶段较为合适，但对我国海域资源配置的发展历程该如何划分，还有待进一步论证和完善。

（3）关于本研究构设的海域资源配置方法。该方法是以解决我国海域资源配置中存在的问题为出发点而提出的评价体系和配置流程，提出的各项评价指标既来自海域资源配置的法律依据和规划、政策、理论依据，又结合了目前海域使用管理的现状和要求，初衷是好的，并努力做到更科学和更合理，但选取的指标体系难免出现指标不全，或指标适用于此阶段不适用于彼阶段等情形或问题，构设的配置流程目前也还主要是理论研究，该方法如何适应海域资源配置不断变化的形势，究竟能不能承担起未来一段时期我国海域资源市场化配置的历史使命，适用性如何等方面，还有待于今后对其进行完善并在实践中予以检验和证明。

（4）关于本研究提出的我国海域资源配置的建议。实际上，多年以来，我国海域使用管理工作也一直面临着一个窘境，那就是我国的海域使用管理始终是在效仿土地管理，却一直无法真正有效吸收到土地管理的先进经验。对于我国海域资源配置来说，何尝不是如此！国家早在 1982 年就明确提出了资源市场化配置问题（1982 年党的十二大提出"发挥市场在资源配置中的辅助性作用"；1992 年党的十四大提出"要使市场在国家宏观调控下对资源配置起基础性作用"；2003 年党的十六届三中全会提出"要在更大程度上发挥市场在资源配置中的基础性作用"；2012 年党的十八大提出"要在更大程度、更广范围发挥市场在资源配置中的基础性作用"），但我国首次提到海域资源市场化配置问题却是在 2011 年，我国第一例的海域使用权招标确权到 2000 年才在山东海阳发生。目前统计数据显示全国的海域"招拍挂"配置个数比例不到 2%，面积比例不到 4%，而土地资源配置早在 20 世纪 80 年代就开始市场配置土地资源了。1982年，广州、抚顺等城市开始对国有土地收取土地有偿使用费和场地占用费，特别是 1987 年，深圳市第一次协议出让国有土地使用权和第一次拍卖出让国有土地使用权，突破了国有土地使用权不允许转让的法律规定。1988 年，全国七届人大一次会议通过的《宪法》（修正案）规定："土地使用权可以依照法律的规定转让"。可见我国海域资源配置工作在许多方面已经不能满足国家的客观要求且远远滞后于土地资源配置。同时，海域资源配置不仅涉及海域使用管理问题，还涉及海洋环境管理、海洋资源管理等多方面，涉及的因素有国家行政管理机构、管理体制、管理职能、思想观念等，而本研究提出的相关建议还处于研究层面，一些细节问题并未解决。例如，① 尽管本研究倡导建立海域"招拍挂"出让年度投放计划制度虽已得到了相关部门的重视，但是该如何对投放计划给予一个合适的定量呢？本研究建议是将确权个数的平均比例设定 4% ~5% 作为基本指标，或者将确权面积的平均比例设定 7% ~8% 作为基本指标，甚至可以综合设定计划指标，将"招拍挂"确权年度个数的 4% ~5% 和确权面积的 7% ~8% 作为综合的计划指标。但是这个定量是否真的合适？以及这个定量该如何体现出政策的差异性和区域特殊性？② 本研究建议构设海域资源交易服务平台，但该平台怎么建立，怎么运行等细节问题都有待解决。③ 海域资源作为国家资产，既要实现其经济上的保值增值，又要体现国有资产的社会和资源环境价值，本研究采用的方法和措施客观上有利于实现这一诉求。但是在如何防止海域资源落到某个人或者某个集团手里，成为个人利用国家资产谋取私利的"金鸡"，就需要对海域产权收益制度问题深入开展专题研究。

在今后的学习和工作中，将就上述不足做进一步的研究，使研究结果更具有科学性、准确性和规范性。

参考文献

［1］　王诗成. 我国海洋发展的新态势［EB/OL］. 海洋财富网，2010－04－21.

［2］　张云，张英佳，景昕蒂，等. 我国海湾海域使用的基本状况［J］. 海洋环境科学，2012（5）：755.

［3］　何传添. 中国海洋国土的状况和捍卫海洋权益的策略思考［J］. 东南亚研究，2001（2）：52.

［4］　薛桂芬，胡增祥. 海洋法理论与实践［M］. 北京：海洋出版社，2009：1.

［5］　刘赐贵. 凝心聚力攻坚克难努力夺取海洋事业发展的新胜利——在全国海洋工作会议上的讲话［R］. 全国海洋工作会议材料之一. 北京：2011－12－26：14－15.

［6］　黄征学. 优化国土空间开发格局［J］. 中国发展观察，2012（7）：34.

［7］　刘洋. 优化国土空间开发格局思路研究［J］. 宏观经济管理，2011（3）：19－24.

［8］　狄乾斌，韩增林. 海域承载力研究的理论与展望. //中国地理学会2004年学术年会暨海峡两岸地理学术研讨会论文摘要集［C］. 北京：中国科学院地理科学与资源研究，2004：27.

［9］　于青松. 合理配置海域资源为建设海洋强国提供保障［J］. 海洋开发与管理，2012（12）：13－15.

［10］　于青松. 不断提升海域综合管控能力　保障海洋经济又好又快发展［J］. 海洋开发与管理，2012（2）：20－21.

［11］　王曙光. 充分理解21世纪是海洋世纪的丰富内涵　迎接海洋新世纪——王曙光局长在全国海洋厅局长会议上的讲话［J］. 海洋开发与管理，2000（4）：8.

［12］　DEFRA. A sea change. A Marine Bill White Paper. In：Presented to parliament by the secretary of state for environment, food and rural affairs by command of Her Majesty. London, March 2007.

[13]　王宏. 面临新机遇, 迎接新挑战, 科学规划天津海洋经济发展［R］. 海洋经济发展专题报告会. 天津政协礼堂, 2012 – 08 – 28.

[14]　郭友钊. 走进海洋新世纪［J］. 海洋世界, 2005（5）: 40.

[15]　王曙光. 论中国海洋管理［M］. 北京: 海洋出版社, 2004: 220 – 231.

[16]　国家海洋局公布《全国海洋功能区划（2011—2020 年）》［EB/OL］. http: //www. gov. cn/jrzg/2012 –04/25/content_ 2123467. htm, 2012 – 4 – 25.

[17]　全国海洋功能区划获批准, 确定未来 10 年开发目标［EB/OL］. 中国新闻网. http: //www. xj. chinanews. com. cn/item/print. asp? m = 111&id = 136378, 2012 – 3 – 7.

[18]　刘赐贵. 凝心聚力攻坚克难努力夺取海洋事业发展的新胜利——在全国海洋工作会议上的讲话［R］. 全国海洋工作会议材料之一. 北京, 2011 – 12 – 26.

[19]　刘赐贵. 真抓实干奋发进取为建设海洋强国而努力奋斗——在全国海洋工作会议上的讲话［R］. 全国海洋工作会议材料之一. 北京, 2013 – 01 – 10.

[20]　王曙光. 全面贯彻十六大精神, 全面实施海洋开发.//王曙光. 海洋开发战略研究［M］. 北京: 海洋出版社, 2004.

[21]　张海文. 积极实施海洋开发, 努力建设海洋强国.//王曙光. 海洋开发战略研究［M］. 北京: 海洋出版社, 2004: 23 – 26.

[22]　以发展质量论英雄, 要 GDP, 不唯 GDP［N］. 人民日报, 2014 – 03 – 07（10）.

[23]　朱晓东, 李杨帆, 吴小根, 等. 海洋资源概论［M］. 北京: 高等教育出版社, 2005: 23.

[24]　刘书凯, 等. 农业资源经济学［M］. 成都: 西南财经大学出版社, 1989: 36.

[25]　周德群. 资源概念拓展和面向可持续发展的经济学［J］. 当代经济科学, 1999（1）: 29.

[26]　辞海编辑委员会. 辞海（中册）［M］. 上海: 上海辞书出版社, 1999: 3286.

[27]　毕宝德. 土地经济学（第六版）［M］. 北京: 中国人民大学出版社, 2011: 10.

[28]　叶浪, 杨继瑞. 现代旅游资源观的思考［J］. 资源与人居环境, 2004

(2)：6-9.

[29]　孙湘平. 中国的海洋 [M]. 北京：商务印书馆，1996：157-189.

[30]　朱坚真. 海洋资源经济学 [M]. 北京：经济科学出版社，2010.

[31]　余秉坚. 中国会计百科全书 [M]. 沈阳：辽宁人民出版社，1993.

[32]　蔡守秋. 环境资源法教程 [M]. 北京：高等教育出版社，2004.

[33]　郭守前. 海洋资源特性及其管理方式 [J]. 湛江海洋大学学报，2002（4）：8.

[34]　鹿守本. 海洋资源与可持续发展 [M]. 北京：中国科学技术出版社，1999：50-72，88-109.

[35]　柴盈，曾云敏. 中国走向强可持续性发展的战略选择 [J]. 中国流通经济，2010（01）：37.

[36]　何爱平，任保平. 人口、资源与环境经济学 [M]. 北京：科学出版社，2010.

[37]　于大江. 近海资源保护与可持续利用 [M]. 北京：海洋出版社，2001.

[38]　宋云霞，唐复全，王道伟. 中国海洋经济发展战略初探 [J]. 海洋开发与管理，2007（3）：48-54.

[39]　贺义雄. 我国海洋资源资产产权及其管理研究 [D]. 青岛：中国海洋大学，2008.

[40]　朱坚真. 海洋资源经济学 [M]. 北京：经济科学出版社，2010：22.

[41]　曲福田. 资源与环境经济学（第2版）[M]. 北京：中国农业出版社，2011.

[42]　王军，杨雪峰. 资源与环境经济学 [M]. 北京：中国农业大学出版社，2009.

[43]　朱晓东，李杨帆，吴小根，等. 海洋资源概论 [M]. 北京：高等教育出版社，2005：1，13-38，51-65.

[44]　何广顺. 海洋经济统计方法与实践 [M]. 北京：海洋出版社，2011.

[45]　陈可文. 中国海洋经济学 [M]. 北京：海洋出版社，2003：73-166，269-289.

[46]　叶向东. 现代海洋经济理论 [M]. 北京：冶金工业出版社，2006：27-54，60-72.

[47]　朱坚真，吴壮. 海洋产业经济学导论 [M]. 北京：经济科学出版社，2009：71-122，252-262.

[48]　徐质斌. 中国海洋经济发展战略研究 [M]. 广州：广东经济出版社，2007.

［49］ 李占国，孙久文．我国产业区域转移滞缓的空间经济学解释及其加速途径研究
［J］．经济问题，2011（1）：27 - 30，64.

［50］ 沈满洪．资源与环境经济学［M］．北京：中国环境科学出版社，2007：29 - 49.

［51］ 王云中．马克思市场经济资源配置理论研究［M］．北京：经济科学出版
社，2010.

［52］ 周晓唯．资源市场化配置的法学分析［M］．北京：中国社会科学出版社，2005.

［53］ 韩立民，陈艳．共有财产资源的产权特点与海域资源产权制度的构建［J］．中国
海洋大学学报（社会科学版），2004（6）：122 - 127.

［54］ 赵可．浅析两种资源配置方式相结合的历史必然性［J］．甘肃高师学报，2011
（2）：122 - 124.

［55］ 李如忠，金菊良，钱家忠，等．基于指标体系的区域水资源合理配置初探［J］．
系统工程理论与实践，2005，3（3）：125 - 127.

［56］ 崔木花，侯永轶．区域海洋经济发展综合评价体系构建初探［J］．海洋开发与管
理，2008（6）：60 - 65.

［57］ 刘明．区域海洋经济发展能力评价指标体系构建研究［J］．海洋开发与管理，
2008（4）：101 - 107.

［58］ 石绥祥，雷波．中国数字海洋——理论与实践［M］．北京：海洋出版社，2011.

［59］ 王德成．浅谈土地资源的优化配置内涵与配置方法［J］．黑龙江科技信息，2009
（28）：106.

［60］ 刘喜广，王福强，王迎宾．土地资源可持续利用的影响因素及对策［J］．现代农
业科技，2006（5）：86.

［61］ 林奕田．土地资源配置市场化机制研究［D］．厦门：厦门大学，2006：1 - 36.

［62］ 刘伟．我国城市土地资源配置机制研究［D］．哈尔滨：哈尔滨工业大学，2006：
1 - 64.

［63］ 陈健．中国土地使用权制度［M］．北京：机械工业出版社，2003.

［64］ 褚中志．中国土地资源配置的市场化改革问题研究［J］．思想，2005
（4）：14 - 17.

［65］ 刘伟锋，谭冰．我国城市土地利用效率分析［J］．黑龙江对外经贸，2005（7）：

65 – 70.

[66] 黄石松. 土地招拍挂中的问题与对策 [J]. 土地使用制度改革，2005 (2)：26 – 28.

[67] 刘颖秋. 土地资源与可持续发展 [M]. 北京：中国科学技术出版社，1999.

[68] 清华大学 21 世纪发展研究院，中国科学院—清华大学国情研究中心. 转型期中国水资源配置机制研究 [J]. 经济研究参考，2002 (20)：2 – 44.

[69] 王济干. 区域水资源配置及水资源系统的和谐性研究 [D]. 南京：河海大学，2003：1 – 126.

[70] 彭祥，胡和平. 水资源配置博弈论 [M]. 北京：中国水利水电出版社，2007.

[71] 刘长顺，刘昌明，杨红. 流域水资源合理配置与管理研究 [M]. 北京：中国水利水电出版社，2007.

[72] 张泽中，李振全，乔祥利. 水资源配置体系理论探讨 [M]. 北京：水利水电出版社，2013.

[73] 石光. 中国卫生资源配置的制度经济学研究 [M]. 北京：中国社会出版社，2007.

[74] 张鹭鹭. 卫生资源配置机制研究的现状与发展 [J]. 第二军医大学学报，2003，24 (10)：1045 – 1047.

[75] 秦江萍，张文斌. 中国人力资源配置机制的思考 [J]. 石河子大学学报（哲学社会科学版），2002，2 (1)：7 – 11.

[76] 唐志敏. 市场经济条件下人才资源配置机制问题研究 [J]. 中国人力，2003，10：20 – 23.

[77] 刘玲利. 科技资源配置机制研究——基于微观行为主体视角 [J]. 科技进步与对策，2009，26 (15)：1 – 3.

[78] 刘超. 中国农村金融资源配置机制及其效率研究 [J]. 商场现代化，2008，7：356 – 357.

[79] 潘光情. 高校图书馆资源配置机制问题探讨 [J]. 大学图书情报学刊，2005，23 (1)：10 – 12, 58.

[80] 张宏声. 海域使用管理指南 [M]. 北京：海洋出版社，2004.

[81] 鹿守本. 海洋管理通论 [M]. 北京：海洋出版社，1997.

[82] 李国庆. 中国海洋综合管理研究 [M]. 北京：海洋出版社，1998.

[83] 杨金森，刘容子. 海岸带管理指南——基本概念、分析方法、规划模式 [M]. 北京：海洋出版社，1999.

[84] 王曙光. 海洋开发战略研究 [M]. 北京：海洋出版社，2004.

[85] 王曙光. 论中国海洋管理 [M]. 北京：海洋出版社，2004.

[86] 管华诗，王曙光. 海洋管理概论 [M]. 青岛：中国海洋大学出版社，2003.

[87] 鹿守本，艾万铸. 海岸带综合管理——体制和运行机制研究 [M]. 北京：海洋出版社，2001.

[88] 徐质斌. 海洋国土论 [M]. 北京：人民出版社，2008：194 - 245.

[89] 王琪，等. 海洋管理从理念到制度 [M]. 北京：海洋出版社，2007：2 - 4.

[90] 李百齐. 蓝色国土的管理制度 [M]. 北京：海洋出版社，2008：125 - 133，149 - 154.

[91] 张宏声. 全国海洋观念区划概要 [M]. 北京：海洋出版社，2003.

[92] 于青松，齐连明. 海域评估理论研究 [M]. 北京：海洋出版社，2006.

[93] 张宏声. 海洋行政执法必读 [M]. 北京：海洋出版社，2004.

[94] 张惠荣. 海域使用权属管理与执法对策 [M]. 北京：海洋出版社，2009.

[95] 林宁，等. 我国近海海洋功能区基本状况评价报告 [M]. 北京：海洋出版社，2011.

[96] 高艳. 海洋综合管理的经济学基础研究 [M]. 北京：海洋出版社，2008.

[97] 张志华. 完善海域管理法律法规，提高依法行政能力 [N]. 中国海洋报，2011 - 05 - 24 （1）.

[98] 张志华. 关于建立海域评估制度的几点思考 [N]. 中国海洋报，2008 - 11 - 07 （1）.

[99] 汪磊，黄硕琳. 海域使用权一级市场流转方式比较研究 [J]. 广东农业科学，2010 （6）：360 - 362.

[100] 周承. 海域配置市场化：实践、问题与对策 [J]. 广东海洋大学学报，2010 （5）：10 - 13.

[101]　刘升．论我国海域使用权抵押［J］．海洋开发与管理，2010（10）：52－55.

[102]　巩固．海域使用权制度的环境经济学分析［EB/OL］．中国环境资源法学网，
2009－02－11.

[103]　白福臣，贾宝林．近年国内海洋资源可持续利用研究评述［J］．渔业现代化，
2011（3）：50－53.

[104]　陈斯婷，耿安朝．海洋环境影响评价技术研究初探［J］．海洋开发与管理，
2011（9）：84－89.

[105]　孙吉亭，孟庆．山东海洋经济发展的前瞻与对策［J］．中国渔业经济，2011
（3）：5－11.

[106]　王琪，李文超．我国海洋区域管理中存在的不协调问题及其对策研究［J］．中
国海洋大学学报（社会科学版），2010（2）：33－37.

[107]　张明慧，陈昌平，索安宁，等．围填海的海洋环境影响国内外研究进展［J］．
生态环境学报，2012（8）：1509－1513.

[108]　吕彩霞．论我国海域使用管理及其法律制度［D］．青岛：中国海洋大学，2003：
1－154.

[109]　杨辉．海域使用论证的理论与实践研究［D］．青岛：中国海洋大学，
2007：1－138.

[110]　Seagar D A. Introduction to ocean sciences［M］．Belmont：Wasworth Publishing Com-
pany，1998.

[111]　威廉·配第．配第经济著作文选［M］．北京：商务印书馆，1981.

[112]　 Charlier R H，Justus J R. Ocean energies：environmental，economic and technological
aspects of alternative power sources［M］．San Diego：Elsevier Inc，1993.

[113]　马克思，恩格斯．马克思恩格斯全集第29卷［M］．北京：人民出版社，
1972：663.

[114]　马克思，恩格斯．马克思恩格斯全集第3卷［M］．北京：人民出版社，
1972：508.

[115]　马克思，恩格斯．马克思恩格斯选集第4卷［M］．北京：人民出版社，
1995：373.

[116] 韩宇宽. 国民经济动员中的可动员资源管理研究 [D]. 北京：北京理工大学，2006.

[117] （英）蒙德尔. 经济学解说 [M]. 胡代光，译. 北京：经济科学出版社，2000.

[118] 曲福田. 资源与环境经济学（第 2 版）[M]. 北京：中国农业出版社，2011：1－2.

[119] Alan Randall. 资源经济学 [M]. 施以正，译. 北京：商务印书馆，1989：12.

[120] 刘书凯. 刘书凯文选第一集 [M]. 北京：学苑出版社，1999：16.

[121] 朱坚真. 海洋资源经济学 [M]. 北京：经济科学出版社，2010：22.

[122] 亚当·斯密. 国富论 [M]. 郭大力，王亚南，译. 上海：上海三联书店，2009.

[123] 潘家华. 持续发展途径的经济分析 [M]. 北京：中国人民大学出版社，1997：91－94.

[124] John Stuart Mill. 政治经济学原理（上册）[M]. 北京：商务印书馆，1991.

[125] 何爱平，任保平. 人口、资源与环境经济学 [M]. 北京：科学出版社，2010：4－9.

[126] 沈满洪. 资源与环境经济学 [M]. 北京：中国环境科学出版社，2007：46.

[127] 庇古. 福利经济学 [M]. 北京：华夏出版社，2007：34－54.

[128] R H Coase. 社会成本问题（论生产的制度结构）[J]. 法律与经济学杂志（第三卷），1960（10）：1－44.

[129] 贺义雄. 我国海洋资源资产产权及其管理研究 [D]. 青岛：中国海洋大学，2008.

[130] Garrett Hardin, John Baden, Douglas S. Noonan. Managing the Commons [M]. Indiana University Press, 2nd Revised edition, 1998.

[131] 波斯纳. 法律的经济分析 [M]. 北京：中国大百科全书出版社，1997：30.

[132] Arthur George Tansley. The early history of modern plant ecology in Britain [J]. Journal of Ecology, 1947：130－137.

[133] 亨利·戴维·梭罗. 瓦尔登湖 [M]. 潘庆舲，译. 北京：中国国际广播出版社，2008.

[134] J. Bull, J. Farrand. Audubon Society Field Guide to North American Birds：Eastern Re-

gion［M］. New York：Knopf，1987：468 – 469.

［135］ 萨缪尔森. 经济学［M］. 高鸿业，等，译. 北京：中国发展出版社，1992.

［136］ 罗伯特·S. 平狄克，费德尔. 微观经济学［M］. 北京：人民出版社，2000.

［137］ Paul Anthoney Samuelson，William Nordhaus. Study Guide t/a Microeconomics［M］. McGraw – Hill/Irwin，2004 – 7.

［138］ 皮尔斯，沃福德. 世界无末日——经济学·环境与可持续发展［M］. 张世秋，等，译. 北京：中国财政经济出版社，1996.

［139］ Richter A，Brandeau ML. An analysis of optimal resource allocation for HIV prevention among injection drug users and nonusers［J］. Med Decis Mak，1999，19（2）：167 – 179.

［140］ 约翰·R·克拉克. 海岸带管理手册［M］. 吴克勤，等，译. 北京：海洋出版社，2000.

［141］ J. M. 阿姆斯特朗，P. C. 赖纳. 美国海洋问题研究［M］. 北京：海洋出版社，1986.

［142］ UNESCO. 海洋综合管理手册——衡量沿岸和海洋综合管理过程和成效的手册［M］. 林宁，等，译. 北京：海洋出版社，2008.

［143］ Adalberto Vallega. 海洋可持续管理——地理学视角［M］. 张耀光，等，译. 北京：海洋出版社，2007：71 – 97.

［144］ Ehler Charles，Fanny Douvere. 海洋空间规划——循序渐进走向生态系统管理［M］. 何广顺，等，译. 北京：海洋出版社，2010：10 – 19.

［145］ 申兵. 优化国土空间开发格局的对策建议［J］. 中国经贸导刊，2012，1：23.

［146］ 石光. 中国卫生资源配置的制度经济学研究［M］. 北京：中国社会出版社，2007.

［147］ 王军，杨雪峰. 资源与环境经济学［M］. 北京：中国农业大学出版社，2009.

［148］ 陈小满. 我国体育资源优化配置实现机制的理论探索［J］. 体育科学研究，2011，5（3）：11.

［149］ 张跃庆，张念宏. 经济大辞典［M］. 北京：海洋出版社，1992.

［150］ 平狄克，鲁宾菲尔德. 微观经济学［M］. 北京：人民出版社，2000.

[151] 蒋铁民. 海洋经济探索与实践（1982—2008）［M］. 北京：海洋出版社，2008，6：25.

[152] Lei Ming. Study on integrated accounting for natural resource and economy［J］. Jour Sys Sci Sys Eng，1997，6（3）：257–262.

[153] 中国社会科学院语言研究所词典编辑室. 现代汉语词典第6版［M］. 北京：商务印书馆，2012.

[154] 江奔东. 再论资源配置机制转换的攻坚［J］. 东岳论坛，2003，1（1）：34.

[155] 李宗伯. 天津市海域使用金收入研究［J］. 天津经济，2011（6）：54–55.

[156] 王诗成. 论近海资源和海洋可持续发展战略［J］.//于大江. 近海资源保护与可持续利用［M］. 北京：海洋出版社，2001.

[157] 丁金钊. 浅析当前区域建设用海管理存在的问题及对策［J］. 海洋开发与管理，2009（8）：23–24.

[158] 国家海洋局. 加强围填海管理 严把海域供应闸门［N］. 中国海洋报，2010–05–14（1）.

[159] 李文君，于青松. 我国围填海历史、现状与管理政策概述［J］. 国土论坛，2013（1）：36–38.

[160] 孟骞. 试论市场失灵与政府失灵［J］. 商场现代化，2011，6：51.

[161] 李锋. 湖南烟草工业烟叶资源优化配置研究［D］. 长沙：中南大学，2009.

[162] 张琴. 计划与市场：两种资源配置方式比较［J］. 安庆师院社会科学学报，1995（4）：32.

[163] 张洪波，李轶. 作为财产权利客体的海域的范围［J］. 烟台大学学报（哲学社会科学版），2008（2）：31.

[164] 孙湘平. 中国近海区域海洋［M］. 北京：海洋出版社，2006：14.

[165] 张宏声. 全国海洋功能区划概要［M］. 北京：海洋出版社，2003：1.

[166] 张洪波. 浅析滩涂的性质［J］. 科技信息（科学教研），2007（13）：10.

[167] 国家海洋局. 海域使用分类体系（国海管字〔2008〕273号）［Z］，2008–05–06.

[168] 王琪. 海洋管理从理念到制度［M］. 北京：海洋出版社，2007：121.

［169］　鹿守本，艾万铸．海岸带综合管理——体制和运行机制研究［M］．北京：海洋出版社，2001：141 - 142.

［170］　李喜云，李红．煤炭资源优化资源配置评价指标体系探索［J］．能源技术与管理，2011（1）：148.

［171］　王琪．海洋管理从理念到制度［M］．北京：海洋出版社，2007：39.

［172］　鹿守本，艾万铸．海岸带综合管理——体制和运行机制研究［M］．北京：海洋出版社，2001：127 - 130.

［173］　陈艳．海域使用管理的理论与实践研究——一种经济学的视角［D］．青岛：中国海洋大学，2006：95.

［174］　李百齐．蓝色国土的管理制度［M］．北京：海洋出版社，2008：96.

［175］　财政部，国家海洋局．国家海域使用管理暂行规定（财综字第 73 号）［Z］，1993 - 05 - 31.

［176］　杨宝森．全面理解十八届三中全会《决定》正确处理政府与市场的关系［EB/OL］．抚顺党校网．http：//www. lnfsdx. com/newsgl/show/show. asp？id = 2030，2013 - 11 - 18.

［177］　蔡悦荫．海域使用金本质及构成研究［J］．国土资源科技管理，2007（2）：66.

［178］　卞耀武，曹康泰，王曙光．中华人民共和国海域使用管理法释义［M］．北京：法律出版社，2002：81.

［179］　周晓唯．经济主体及其权利：资源市场化配置的法学分析［D］．西安：西北大学，2003.

［180］　孙志辉．学习贯彻《海域使用管理法》座谈会材料汇编［M］．北京：海洋出版社，2002，18.

［181］　陈艳．海域使用管理的理论与实践研究［D］．青岛：中国海洋大学，2006.

［182］　滕祖文．海洋行政管理［M］．青岛：青岛海洋大学出版社，2002：49.

［183］　姚东瑞．实现海洋资源价值最大化［J］．珠江水运，2011（1）：112.

［184］　王利明．以《物权法》立法为契机进一步完善海域物权制度［J］．海洋开发与管理，2007（1）：19 - 20.

［185］　马骏．物权法体系下海域物权制度研究［D］．青岛：中国海洋大学，2008.

［186］ 杨潮声．海域使用权制度研究［D］．长春：吉林大学，2011.

［187］ 常晓莉，姜双林．海域使用权的探析．//水资源可持续利用与水生态环境保护的法律问题研究——2008 年全国环境资源法学研讨会（年会）论文集［C］．武汉：中国法学会环境资源法学研究会，2008.

［188］ 关涛．海域使用权问题研究［J］．河南省政法管理干部学院学报，2004（3）：31.

［189］ 海域使用权的性质界定及其与相似权利之比较［EB/OL］．法律教育网．http：//www.chinalawedu.com/news/16900/174/2004/10/ma43749341901400294441 34825.htm，2004 - 10 - 9.

［190］ 谭柏平，周柯．论海域使用权流转制度的完善——以《海域使用管理法》修订为视角［J］．河南财经政法大学学报，2012（4）：104 - 109.

［191］ 税兵．海域使用权制度价值浅析［J］．中国海洋大学学报（社会科学版），2005（2）：7.

［192］ 郝俊祥．浅谈土地招标拍卖挂牌运行机制［J］．黑龙江国土资源，2011（5）：52.

［193］ 汪磊，黄硕琳．浅析我国海域使用权市场的拍卖机制［J］．前沿，2010（4）：65.

［194］ 谢大武．浅谈土地资源市场化配置问题［J］．浙江国土资源，2009（2）：44.

［195］ 刘升．论我国海域使用权抵押［J］．海洋开发与管理，2010（10）：52 - 53.

［196］ 张良．江苏省省管海域首次实现海域使用权招标出让［J］．海洋开发与管理，2009（2）：76.

［197］ 张民声．实例分析海域使用论证对海洋环境保护的作用［J］．海洋开发与管理，2010，5（5）：41.

［198］ 杨平．环境影响评价制度存在的问题及对策［J］．绿色科技，2012（4）：175.

［199］ 马英杰，封晓梅．论我国涉海工程建设项目环境影响评价制度［J］．现代商贸工业，2008（4）：36.

［200］ 方睁．海洋环境保护立法的过去和现在［J］．上海海关学院学报，2008（2）：65.

[201] 黑宇峰. 我国环境影响评价制度存在的问题及对策［J］. 建筑技术开发，2006（6）：140.

[202] 国家海洋局：海岸工程环境影响报告书等五项行政审批被取消［EB/OL］. 法制网. www. legaldaily. com. cn/index/content/2013 – 09/03/content _ 4813767. htm. 2013 – 09 – 03.

[203] 马英杰，张小雪. 环境影响评价制度和海域使用论证制度的比较［J］. 海洋科学，2007（11）：20.

[204] 周晓唯. 资源市场化配置的法学分析［M］. 北京：中国社会科学出版社，2005：27.

[205] 周晓唯. 资源市场化配置的法学分析［M］. 北京：中国社会科学出版社，2005：28.

[206] 周林彬. 法律学经济学导纲［M］. 北京：北京大学出版社，1998：121.

[207] 布罗姆利. 经济利益与经济制度［M］. 上海：上海人民出版社，1996：55.

[208] 刘赐贵. 全面实施海洋功能区划　大力推动海洋经济发展［J］. 海洋开发与管理，2012（4）：10 – 12.

[209] 刘赐贵. 为了这片"蓝色国土"——新华社记者世界海洋日专访国家海洋局局长刘赐贵［J］. 海洋开发与管理，2012（6）：22.

[210] 王琪. 海洋管理从理念到制度［M］. 北京：海洋出版社，2007：180.

[211] 陈振明. 政策科学［M］. 北京：中国人民大学出版社，1998：94 – 95.

[212] 秦岭. 区域经济学理论与主体功能区规划［J］. 江汉论坛，2010，4：10.

[213] 于青松. 坚持"五个用海"保障经济发展为迎接党的十八大［N］. 中国海洋报，2012 – 08 – 20（2）.

[214] 刘赐贵. 开发利用海洋资源必须坚持"五个用海"［N］. 中国海洋报，2011 – 09 – 30（1）.

[215] 于青松. 合理配置海域资源为建设海洋强国提供保障［N］. 中国海洋报，2012 – 11 – 26（3）.

[216] 王贵明. 产业生态问题初探——产业经济学的一个领域［D］. 广州：暨南大学，2008：31.

[217]　王云中．马克思市场经济资源配置理论研究［M］．北京：经济科学出版社，2010：2-7．

[218]　周培疆．现代环境科学概论［M］．北京：科学出版社，2010：6-7．

[219]　中国环境报社．迈向21世纪——联合国环境与发展大会文献汇编［M］．北京：中国环境科学出版社，1992：29-98．

[220]　梁飞．海洋经济和海洋可持续发展理论方法及其应用研究［D］．天津：天津大学管理学院，2003：9．

[221]　鹿守本．海洋资源与可持续发展［M］．北京：中国科学技术出版社，1999．

[222]　刘兰．我国海洋特别保护区的理论与实践研究［D］．青岛：中国海洋大学，2006-01-01．

[223]　中国21世纪议程——中国21世纪人口、环境与发展白皮书［M］．北京：中国环境科学出版社，1994：4．

[224]　柴盈，曾云敏．中国走向强可持续性发展的战略选择［J］．中国流通经济，2010（01）：37．

[225]　陈毓川，李庭栋，彭齐鸣．矿产资源与可持续发展［M］．北京：中国科学技术出版社，1999：122-123．

[226]　国家海洋局召开海洋重大专题研究报告汇报会［J］．海洋开发与管理，2012（10）：7．

[227]　朱坚真，吴壮．海洋产业经济学导论［M］．北京：经济科学出版社，2009：14-22．

[228]　郭克莎，吕铁，周维富．20世纪以来产业经济学在中国的发展［J］．上海行政学院学报，2001（1）：67．

[229]　蒋铁民．海洋经济探索与实践（1982—2008）［M］．北京：海洋出版社，2008：24．

[230]　郭克莎，吕铁，周维富．20世纪以来产业经济学在中国的发展［J］．上海行政学院学，2001（1）：67．

[231]　于志刚．海洋经济［M］．北京：海洋出版社，2009：56-57．

[232]　何广顺．海洋经济统计方法与实践［M］．北京：海洋出版社，2011：21．

[233] GB/T 4754—2002. 国民经济行业分类［S］. 北京：中国标准出版社，2006.

[234] 陈可文. 中国海洋经济学［M］. 北京：海洋出版社，2003：73.

[235] 徐质斌. 中国海洋经济发展战略研究［M］. 广州：广东经济出版社，2007：161.

[236] 姜旭朝，毕毓洵. 中国海洋产业结构变迁浅论［J］. 山东社会科学，2009（4）：78.

[237] 国家海洋局. 2002 年中国海洋统计年鉴［M］. 北京：海洋出版社，2013：47.

[238] 陈可文. 树立大海洋观念发展大海洋产业——广东省海洋产业发展与广东海洋经济发展的相关分析［J］. 南方经济，2001（12）：65.

[239] 徐胜，郭玉萍，赵燕香. 我国海洋产业发展情况分析［J］. 中国渔业经济，2012（5）：101 – 107.

[240] 徐质斌. 中国海洋经济发展战略研究［M］. 广州：广东经济出版社，2007：159 – 161.

[241] 伍长南. 福建建设海洋经济强省研究［M］. 北京：中国经济出版社，2007：204 – 206.

[242] 肖淼. 区域产业竞争力生成机制研究［D］. 上海：复旦大学，2005：1.

[243] 石宏博. 区域经济优势与资源优化配置［J］. 当代经济，2011，8：96.

[244] 陈宝敏. 科斯定理的重新诠释——兼评中国新制度经济学研究的误区［J］. 斯密论坛，2001，3：3.

[245] 平迪克，鲁宾菲尔德. 微观经济学［M］. 北京：中国人民大学出版社，1997：236 – 246.

[246] 施蒂格勒. 价格理论［M］. 北京：北京经济学院出版社，1992：125.

[247] 哈罗德·德姆塞茨. 所有权、控制与企业——论经济活动的组织［M］. 北京：经济科学出版社，1999：14 – 35.

[248] 张五常. 关于新制度经济学//科斯，等. 契约经济学［M］. 北京：经济科学出版社，1999：63 – 79.

[249] 陈俊坚. 关于科斯定理的几个问题［J］. 山东社会科学，2007（4）：89.

[250] 韩立民，陈艳. 共有财产资源的产权特点与海域资源产权制度的构建［J］. 中

国海洋大学学报（社会科学版），2004（6）：125.

[251] 沈国英，施并章．海洋生态学（2版）[M]．北京：科学出版社，2002：1-2.

[252] Costanza R.，Ralph d arge，Rudolf de Groot，et al．The Value of the World's Ecosystem Services & Natural Capital [J]．Nature，1998，Vol. 25，Issue. 1：3-15.

[253] 韩立民，陈艳．共有财产资源的产权特点与海域资源产权制度的构建 [J]．中国海洋大学学报（社会科学版），2004（6）：122.

[254] Ehler Charles，Fanny Douvere．海洋空间规划——循序渐进走向生态系统管理 [M]．何广顺，等，译．北京：海洋出版社，2010：179.

[255] 牟林，赵前．海洋溢油污染应急技术 [M]．北京：科学出版社，2011：1.

[256] UNESCO．海洋综合管理手册——衡量沿岸和海洋综合管理过程和成效的手册 [M]．林宁，等，译．北京：海洋出版社，2008：13.

[257] 刘宾．河北冀中南经济区科技创新评价体系的构建与对策 [J]．当代经济，2012（22）：102.

[258] 赵进平．发展海洋监测技术的思考与实践 [M]．北京：海洋出版社，2005：266.

[259] 崔木花，侯永轶．区域海洋经济发展综合评价体系构建初探 [J]．海洋开发与管理，2008（6）：60.

[260] 陈新军．海洋渔业资源可持续利用评价 [D]．南京：南京农业大学，2001：106.

[261] 刘明．区域海洋经济发展能力评价指标体系构建研究 [J]．海洋开发与管理，2008（4）：104.

[262] 张吉军．模糊层次分析法（FAHP）[J]．模糊系统与数学，2000，6（2）：80.

[263] 罗礼平，阳庚德．中国海域使用权出让合同性质论 [J]．吉首大学学报（社会科学版），2009（4）：137.

[264] 褚中志．中国土地资源配置的市场化改革问题研究 [J]．思想，2005（4）：15.

[265] 孙洛平．市场资源配置机制与经济理论的选择 [J]．南开经济研究，2002（3）：8.

[266] 雷起荃，赵曦．资源配置机制转换与生产要素市场发育 [J]．财经科学，1992

（6）：2.

[267] 潘光情. 高校图书馆资源配置机制问题探讨［J］. 大学图书情报学刊, 2005, 23 (1)：11.

[268] 俞小林. 论市场经济与法制关系［J］. 法制与社会, 2011（2）：110.

[269] 于广琳. 推进海域资源市场化配置从源头防治腐败［J］. 海洋开发与管理, 2010（2）：71 – 73.

[270] 王铁民. 海洋开发与管理文选［M］. 北京：海洋出版社, 2001：10.

[271] 国家海洋局. 整治围填海乱象首提"超一罚五"［N］. 经济参考报, 2011 – 12 – 28（3）.

[272] 郭钰山. 把握交易规律　规范交易行为　构建规范化公共资源交易平台［J］. 江西省人民政府公报, 2012（15）：70 – 72.

[273] 公共资源交易平台在创新中成长［EB/OL］. 瑞安新闻网. http://www.66ruian.com, 2010 – 09 – 30.

[274] 张静. 国际型内陆港的新探索［J］. 西部大开发, 2011（11）：75.

[275] 张戎, 艾彩娟. 内陆港功能定位及发展对策研究［J］. 综合运输, 2010 (1)：45.

[276] 何健. 海域使用权流转法律问题研究［D］. 杭州：浙江农林大学, 2012：67.

[277] 李亚楠, 苗丽娟. 海域资源性资产价值评估初探［J］. 海洋环境科学, 2009, 12 (6)：768.